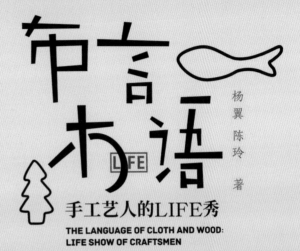

布言木语

手工艺人的LIFE秀

THE LANGUAGE OF CLOTH AND WOOD:
LIFE SHOW OF CRAFTSMEN

杨翼 陈玲 著

此为裸线背脊，便于书籍平摊。

长江出版传媒 | 湖北美术出版社

目录

Part 3

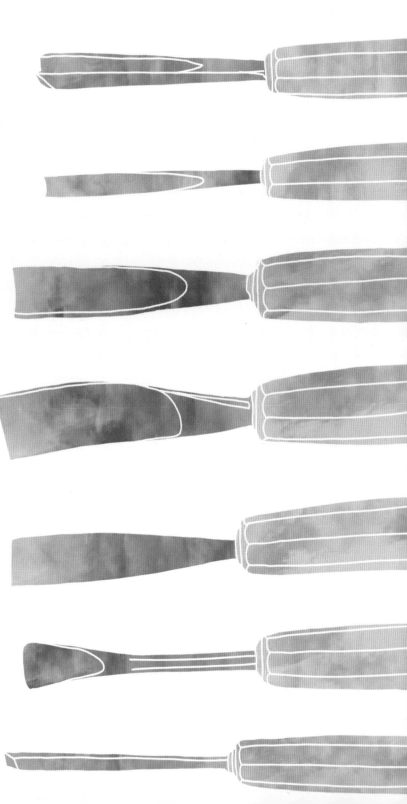

Part 1　创意布艺小物件

从儿童时期给娃娃缝制一件布衣服，到学空间设计之后尝试制作的各种软装陈设，再到有了自己独立的生活、工作空间，为自己安排大大小小的物件，做一块桌布，缝一枚杯垫，大到背包，小到钱包，越做越多。在这个过程中，哪怕只是一个角落，不时地更换重整，或是新制一些物件，都能重组一份心情。我很享受这种"周身之物"都布满着我自己味道的感觉。可能是做设计的敏感度，让我对这些东西有着强烈的直觉，无论是迷失在京都街头的布店里挑挑选选，还是在黔东南的村落爬进一户村妇家的阁楼搜罗最原始的蓝染布料……这些带着故事的材料最终变成了我们手中的作品，我们也充分享受着这个过程。

一、布艺工具介绍

在开始缝纫之前，我们需要准备些什么呢？下面为大家介绍的这些小工具都是缝纫过程中不可缺少的小帮手。

珠针和针插

珠针是缝合布料、固定纸样时不可或缺的小帮手，也可以作为刺绣标记使用。可将暂时不用的手缝针和珠针插在针插上，既安全又方便。

顶针

由金属或塑料做的环形指套，表面有密密麻麻的凹痕，将顶针套在持针手的中指上，在缝纫的时候用来顶针尾，不仅可以防止手指受伤，而且更易于用力。

棉线

缝布块使用，应选择韧性好不易断的缝线。根据素材及用途，常见的手缝线为用途广泛的涤纶线，使用时应选择与布料颜色相近的线。

刺绣绣绷

想要绣出漂亮的作品，需将布料在绣绷中绷紧。可根据图案的大小选择绣绷。

熨斗

可以用来熨烫布料折痕、去除褶皱，也可用来熨烫带胶铺棉、粘合衬等需要加热的辅料。熨斗的种类很多，其中蒸汽电熨斗使用效果最佳。

线剪

是进行切线等精细工序时的必备工具，因使用频率高，所以应选择手感舒适、刀刃锋利的剪刀。

布剪

剪裁布料的专用剪刀，不能用来裁剪布、纱以外的其他东西，否则会损伤刀口，影响剪刀的锋利程度。有些剪刀标有"防逃布"（意指在刀面上加上小锯齿可防止布滑），这种剪刀用来裁剪小布块很方便。

软尺

是布艺制作时不可或缺的尺寸测量工具。与尺子相比，软尺柔软可弯曲，便于测量弯曲部分的尺寸。

布尺

用来测量尺寸，尺身有 0.5cm、0.7cm、1cm 等的记号线，方便在画缝份时固定宽度用。

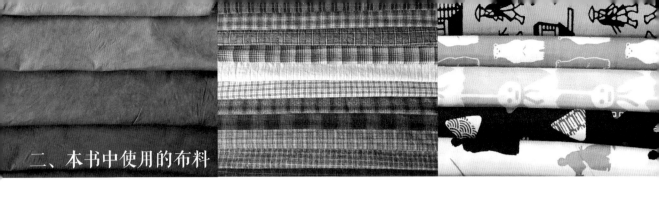

二、本书中使用的布料

蓝染布料

靛蓝是一种从蓼蓝的叶子中提取出来的染料。在中国，靛蓝是一种具有三千多年历史的还原染料，靛蓝的颜色深且色泽鲜艳，自古以来就被广泛使用。蓝染根据发酵程度和染色次数，可染出不同浓淡的色彩，这些差别细微的色彩都有各自的名称。从颜色最浅，接近白色的"蓝白"，到接近黑色的"深蓝"，蓝染具有丰富的颜色数量。

崇明老粗布

位于长江口的崇明岛盛产老粗布，曾远销到东北三省和南洋群岛。老粗布，又名老土布，是几千年来劳动人民世代延用的一种手工织布。手织布的图案意境，是靠各种色线交织出各种各样的几何图形，而不是具体的事物形象来体现，通过抽象图案的重复、平行、连续、间隔、对比等产生变化。老粗布采用纯棉纱为原料，全部工艺采用纯手工制作，非常适合爱好自然，寻求返璞归真的人士。

日本进口布料

日本"滨文样"是横滨传统的捺染工房，能染出鲜艳的配色且完全不会掉色，加上设计独具个性，可爱而富有趣味性，更加令人印象深刻，每季度都会出现新的样式。由于是手工印染，每块图案位置与大小都不可能完全相同，在清洗时注意单独洗涤。

三、手工缝纫的基础

1. 针缝法

（1）打结的方法

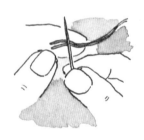

1. 将线的尾端放置于左手食指上，把针尖向上压于线上。

2. 左手捏住针线，右手将线顺时针绕针两圈。

3. 左手将两圈线向下推，大拇指、食指捏紧，右手把针从线圈中拔出。

4. 最终打结的成品效果。每一段缝纫、刺绣的开始都要打结，以防止松散。

微信扫一扫，
获取视频针法讲解。

（2）平针

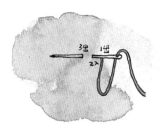  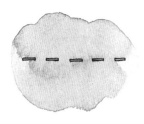

1. 针线从底部穿出，下一针从距离 3~5mm 的位置穿入，再从同等距离的位置穿出。

2. 按照同样的方法一直循环，保持针脚的整齐均匀。

3. 完成后正面的效果。这是布艺缝合时常用的针法，相对简单。

（3）藏针缝

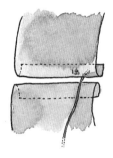 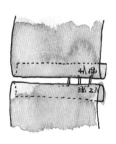 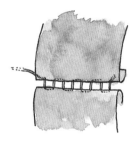

1. 第一针从一边布的里面穿出。

2. 第二针从第一针的对面，第一针相对的位置穿入，第三针从相距 1~3mm 的位置穿出，第四针从第三针的对面穿入。

3. 按照同样的方法一直循环，保持针脚的整齐均匀。

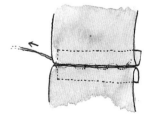 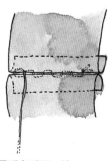 

4. 将缝线扯紧后就可以把两块布料紧密地缝合到一起。

5. 最后向后回一针。

6. 结束时左手持针将针紧靠结束的最后一针，右手顺时针把线绕针两圈。

7. 左手拇指和食指捏紧绕圈的线，将针拔出打结成功，最后把针从走线的缝隙中穿入。

8. 最后把针从里面任意地方穿出剪断完成。

2. 刺绣

（1）轮廓绣

1. 针线从底部穿出，下一针向后从距离 4~6mm 的位置穿入，第三针从前两针的中间位置穿出，针根据轮廓的走向，保持大约 5° 的角度穿出。

2. 第四针向后从距离 4~6mm 的距离穿入，下一针从两针中间的位置穿出（与第二针在一个位置）按照同样的方法一直循环，保持针脚的整齐均匀。

3. 完成正面的效果，可以用来表现植物茎、枝干和叶子等图形的轮廓。

（2）后退绣

1. 针线从底部穿出，第二针向后从距 3~5mm 的位置穿入，第三针向前从距第一针 3~5mm 的位置穿出。

2. 按照同样的方法一直循环，保持针脚的整齐均匀。

3. 完成后正面的效果如上图。可以用于缝制图形轮廓。

（3）锁链绣

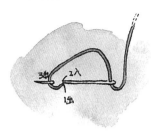  

1. 针线从底部穿出，在针前方绕出一个圈，第二针从第一针处穿入，第三针向前从距 3~5mm 的位置从圈中穿出。

2. 从圈中穿出后的效果。

3. 再向前绕一个圈将第四针从第三针穿出的位置穿入，第五针从距 3~5mm 的位置从圈中穿出。

 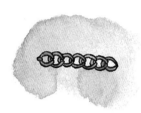 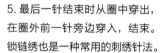

4. 按照同样的方法一直循环，保持针脚的整齐均匀。

5. 最后一针结束时从圈中穿出，在圈外前一针旁边穿入，结束。锁链绣也是一种常用的刺绣针法。

（4）锁链密绣

1. 锁链密绣的转角位置要把直线的最后一针结束掉，再开始转角后的一条边。

2. 最后形状结束的时候要从第一针开始的位置的线下穿过后结束。

3. 一圈结束后的效果。

4. 按照同样的方法一直循环，保持针脚的整齐均匀，按照图像外边缘轮廓向内螺旋循环。

5. 按照同样的方法一直循环，保持针脚的整齐均匀，最后形成一个面。

（5）法国豆绣

 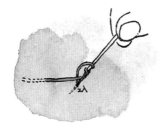 

1. 针线从底部穿出，右手拿针的
尾端，左手持线在针的前端位置
逆时针绕两圈。

2. 第二针在第一针旁边扎入。

3. 左手把线扯紧。

4. 左手大拇指压住固定"豆"的
位置，将针线穿出扯紧后打结。

5. 完成后正面的效果，也可以大
面积的使用这样刺绣针法，形成
面。

（6）缎纹绣

1. 使用后退绣，绣出基础轮廓。

2. 沿着轮廓将图形填满。

3. 完成后正面的效果。

薰衣草香包

我们这里选用的香料是薰衣草，属草本植物，因它带有的独特的清淡芳香气味，能够有效地调节室内的空气环境，增添温馨气氛。平时佩戴在身上或放置在枕边不仅能增添香气，也能够起到舒缓情绪、缓解压力、提高睡眠质量的作用。可以根据个人需求选择不同的香料种类。

A. 工具和材料

方格布一块（15.4cm×14.4cm）、麻绳 20cm、薰衣草 15g。

B. 尺寸图

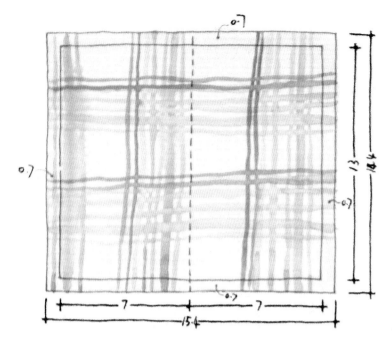

单位：cm

❶ 根据尺寸图进行剪裁

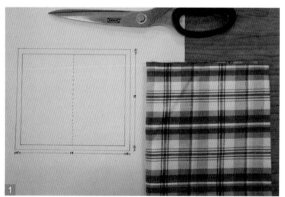

1-2. 根据给出的尺寸图首先在布料上画出尺寸，整体为 15.4cm×14.4cm 的矩形，其中包含有每边各 0.7cm 的缝份，然后用剪刀裁剪出所需要用的布料。

零失败Tips：

对于新手来说，很容易剪完才发现剪歪了、剪变形了。特别是在裁剪一些轻薄的布料时，先把布熨烫平整，再用直角尺精确地画出矩形，是保证裁剪精准的第一步。

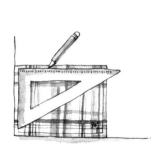

❷ 缝合布料

1. 把布料沿着虚线折好后用珠针固定。

2. 用针线沿着画好的缝份线均匀地缝合。

3-4. 在缝长边时，将小标签对折夹入后一同缝合，留出上面的短边为翻转口。

零失败Tips：使用珠针固定时，它的方向要与缝线的方向垂直，这样才可以保证缝合时布料不会错位。

❸ 进行填充

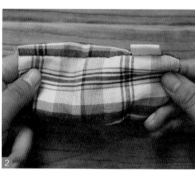

1-2. 从留出的翻转口处将布料翻回正面，把边角整理工整。

3. 将准备好的薰衣草装入香包内。

零失败Tips：

番翻面时将缝合转角的地方剪出一个三角形或正方形的牙口，这样翻面后边角才会平整。

3

④ 缝合封口

1-2. 沿着之前画好的缝份线
向内折好对齐，用平针进行
缝合。

3-4. 再拿出预备好的麻绳，
在香包的 1/3 处系好。

零失败Tips：1.在进行封口缝合时要注意缝线的位置，
避免缝线太靠下，折进去的缝份跑出来。

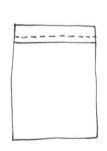

 太靠上不好看！

 太靠下布料容易跑出来！

 ⊗完全错误！

2.系绳前可以先把香包的口折出
风琴褶(像折扇子一样)。

风琴褶大啊图↑

开心宝宝！

用自己做的小盘子
和小勺装薰衣草是不
是很有情调？
嘿·嘿·嘿！

小广告羊
梅子教程
请往后翻

点点头

环保餐具包

用基础的房子形状，加上简单的布料拼贴进行装饰，最后缝合出轻薄的多功能小包，不仅可以当餐具包，也可以用作笔袋、眼镜袋。

A. 工具和材料

本白净色麻布一块（20.4cm×20cm）、蓝色调老粗布5~7小块（尺寸自定）、净色蓝染布一块（28cm×3cm）、白色刺绣棉线、蓝色缝线若干。

B. 尺寸图

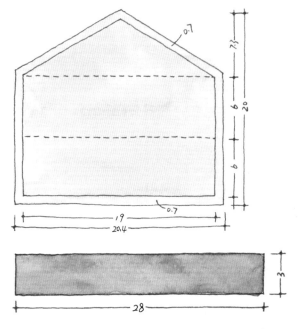

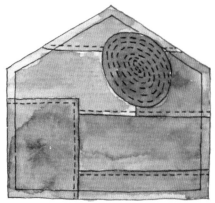

单位：cm

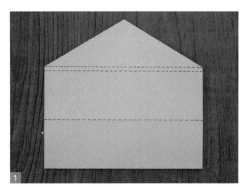

① **根据尺寸图进行裁剪**

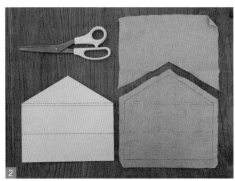

零失败Tips：

1. 对于形状复杂的布艺作品，学会先制作纸版是很重要的，它可以帮助我们分析尺寸是否合理，同时也方便重复制作。

牛皮纸、卡纸都是不错的画纸版的材料，家中可常备。

制版时不仅要画出外轮廓，还要画出缝份的线。

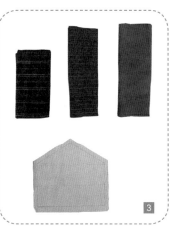

1. 按照尺寸图在纸板上画出基本形状，裁剪后制成纸版。

2. 按照纸版大小在纯色麻布上画出缝份、折线等尺寸线。

3. 挑选搭配餐具包表面要进行拼接的布料。这款布包我们选择了蓝染布、手织老粗布。

2. 对于选择强迫症患者，担心多种布料搭配起来不好看的，可以选择同一色系，深浅不一的3-4种布料，这样的配色相对稳妥。

老羊，它像不像个房子？

你看起来像个疯子！……

连续加班之后的陈玲宝宝…

羊老师色彩课

同类色

邻近色

对比色

互补色

❷ 缝制表布

1. 选好布料并剪出大小形状不一的小块，在纯色麻布的表面进行搭配调整，最后用珠针固定。

2. 用平针把小块布料和麻布缝合在一起。

3. 再用藏针缝，缝合束口布带。

零失败Tips：1. 在裁剪小布块的时候，形状不用太多，以矩形为主的话，多加一块圆形来点缀就可以了。也可以根据个人喜好先在纸版上画出图稿，反复地对之后再裁布。

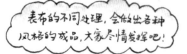

表布的不同处理，会做出各种风格的成品，大家尽情发挥吧！

2. 摆放每块布料的时候，两块布料需要保证有1cm左右的交叠，这样缝的时候才能同时缝住两块布料。

3. 这里使用的线是白色刺绣专用线，比一般棉线要粗。如果家里有普通棉线，可以重叠两股。

刺绣的专用针的针鼻会比较大，方便穿针。

4. 缝这些小布块的时候，表布边缘部分留到与里布一起缝合的时候再处理。

只用先缝这些就可以了。

③ 缝合表布与里布

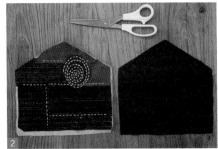

内衬里布对折放置

束口带摆放在中间

1

2

内衬里布对折放置

束口带摆放在中间

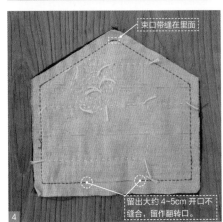

束口带缝在里面

留出大约4~5cm开口不缝合，留作翻转口。

3

4

1. 按照尺寸图裁剪一块较柔软的布料用作内衬里布。

2-3. 把两块布料正面朝里、背面朝外用珠针固定，同时把束口布带如同制作图3中摆放的位置放好。

4. 用平针沿着缝份开始缝合，在底部中间位置留出大约4~5cm开口不缝合，留作翻转口。沿开口翻面之后，将"房子"形状的边缘，用白色刺子绣棉线均匀地缝一圈平针。按照折叠线，把餐具包折叠成型，用藏针缝缝合餐具包的两端。

零失败Tips：

1. 裁剪内衬里布时可以略小于(约1~2mm)表布，这样缝合之后内衬会更加平整，翻面之后里布也不容易露出来。

2. 翻面的开口尽量留在水直边居中的位置，避免留在短边、斜边、弧边和转角的位置，同时第一针和最后一针要反复缝几针，防止翻面时线会断。

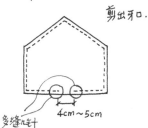

多缝几针

4cm~5cm

3. 翻面之前在每一个转角的位置都要剪出牙口。

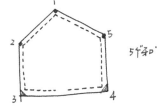

5个牙口

手绣鼠标垫

对于电脑操作者说，鼠标垫是必不可少的。本款鼠标垫使用古老的蓝染布来制作，在表面绣上图案，在保证了实用性的前提下，美观而富有个性，能增加工作的愉悦感。

A. 工具和材料

蓝染布两块（24.4cm×24.4cm）、绣绷、白色刺绣棉线、加厚铺棉一块（24.4cm×24.4cm）、红色包边条 100cm、红色缝线若干。

B. 尺寸图

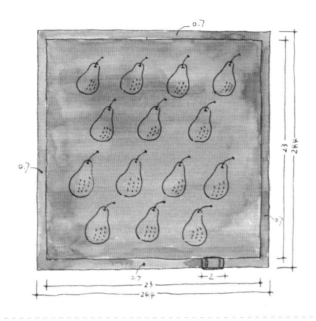

单位：cm

① 绘制鼠标垫表布图案，并刺绣

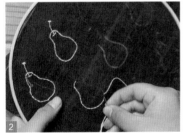

1-3. 按照尺寸图剪一块素色蓝染布。用水消笔将图案描在蓝染布上。把画好图案的蓝染布框在绣绷内，用后退绣绣出一个个鸭梨。

零失败Tips：1. 如果对自己的绘画能力没有把握的话，可以画出一个图形之后剪下来重复拷贝。

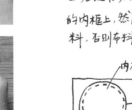

画歪了也没有关系啦！反正绣的时候也是会歪而……

↑陈玲宝宝的白眼

2. 在使用绣绷的时候，把布料平铺在绣绷的内框上，然后再把外框扣紧，不要用手去拉扯布料，否则布料会变形。

3. 用后退绣针法时，尽量保持线的间距长短一致。

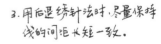

梨的外轮廓间距大约在1mm.

梨的花纹间距可以随意一些。

❷ 裁剪、熨烫铺棉及里布

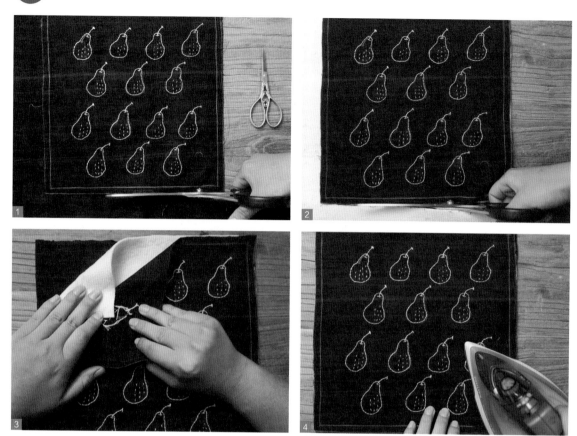

1-2. 刺绣完成后剪出一块同等大小的蓝染布料和一块同等大小的铺棉。

3-4. 把铺棉放置在两块布料之间，用熨斗把布料与铺棉熨烫在一起。

零失败Tips：铺棉的种类有很多种，双面带胶、单面带胶、不带胶的都有，厚薄也有区别，购买时根据需要来选择。

正面有绣花时，选择单面胶铺棉，熨烫时，胶贴合背面布料。

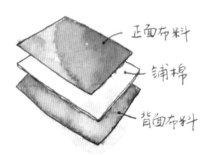

正面布料

铺棉

背面布料

❸ 固定包边

零失败Tips：

不要忽略这个固定的过程，

很多新手拿到包边条就直接缝，

这样很容易导致松紧不一致，

成品不平整。

1、2、3、4的圆弧要一致。

1-3. 从右下角开始围绕着鼠标垫的边缘用珠针固定包边条。

4-8. 转角的地方将布料剪出圆角，包边条转一圈之后在起点的地方结束。

④ 缝包边

1. 用同色系的缝线均匀地把包边条缝制在鼠标垫的边缘，在缝制的时候要时刻注意包边正反两边的宽度尽量保持一致，针脚也要保持正反两边都要整齐均匀。

2. 包边条收尾之后，再用小块的布料把收口处包住。

天呐，你画的这都是什么啊阿？节点详图都出来了……

零失败Tips：1. 缝合包边条的时候，缝线的位置距包边条边缘近一些，这样也能保证边缘的平整。

剖面图A

正反面包边条宽度均匀一致。

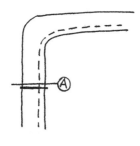

注意同时缝住正反两面、

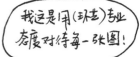

我这是用(环北)专业态度对待每一张图！

路人甲

2. 转圆角的时候把包边条稍微扯紧一点，针脚也密一些。

　　陈：解释一下：什么叫稍微扯紧一点？

　　羊：看过菜谱吗？"加少许盐"……

　　陈：你不知道吗？有一个力学单位，叫牛顿。

大概是一个苹果的力量吧……

Why?

恭喜你获得牛顿小徽章！

刺绣蓝染笔帘

亲自动手从染布开始，再到一点点绣出各式的图案，最后制作成笔帘，终于可以放心地把喜欢的笔都放进去，再也不用担心它们相互之间磨损，或是被钥匙之类的坚硬物体刮花心爱的钢笔了。笔帘的卷带设计可以满足粗细不同的各式各样的笔的摆放。

A. 工具和材料

蓝染布两块（44cm×29cm）、
蓝染布一块（52cm×4cm）、
白铺棉一块（27cm×21cm）、
白色刺子绣棉线、白色缝线若
干。

B. 尺寸图

表布

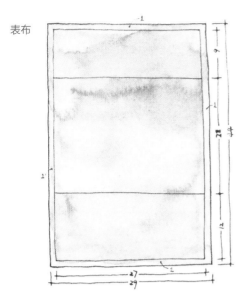

里布

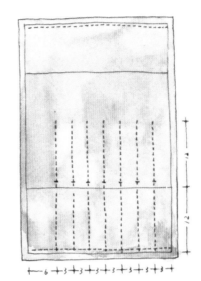

单位：cm

① 靛蓝植物染布料

1-3. 将织物靛蓝染料的各种材料按配比调好之后，反复浸泡、氧化、浸泡、氧化，直到达到预期的颜色效果。

零失败Tips：1. 靛蓝染的染料的调配要准确，这是成功的前提。

2. 浸泡、氧化的过程重复的次数越多，布料颜色越深，染出的颜色要比预期颜色深一些，经过水洗后都会有一点褪色。

循环无限次……
据说最深的蓝色要染+八遍

❷ 裁剪布料并绘制刺绣图案

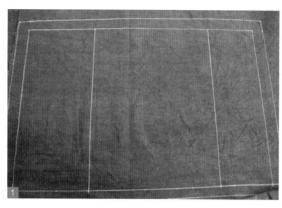 

1-2. 按照尺寸图裁剪出需要的蓝染布料大小，再用水消笔画出想要绣的图案。

❸ 进行刺绣

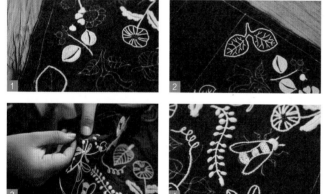 

1-5. 灵活搭配各种刺绣针法来完成图案的刺绣。

零失败Tips：
　　1.无论是哪种针法的刺绣，都要保持针脚间的间距一致和力度均匀．核心关键词→耐心

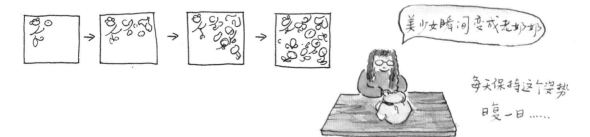

美少女瞬间变成老奶奶

每天保持这个姿势
　　暝一日……

④ 裁剪铺棉和内衬布料

1-2. 裁剪出一份与表布尺寸大小相同的里布，一份 27cm×21cm 的铺棉，把铺棉有胶的一面朝向刺绣区域的背面，用熨斗把铺棉固定在布料上面。

零失败Tips：

1. 铺棉的作用是保护笔，增加笔帘的轮廓感，所以要根据布料的厚度来选择不同厚度的铺棉。

→ 布料薄，铺棉厚．

这是剖面图：

→ 布料厚，铺棉薄．

2. 为防止棉布移位，可以用熨斗先固定四个角，再均匀地熨烫。

3. 为防止熨斗的温度损伤刺绣好的表布，熨烫时可在上面铺一块薄布料。

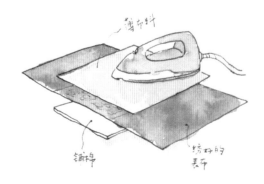

⑤ 缝制

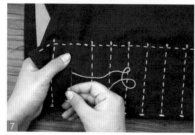

1-3. 把已经刺绣好图案的表布和蓝染里布这两块布料正面朝里、背面朝外放置在一起，先把上下两端用平针缝合，然后翻到正面。

4-5. 再在上下边缘处用白色刺子绣棉线平针缝出明线，然后把布料按折线将下面的部分向上翻折。

6-7. 将翻折后的布料与铺棉上面的一层布料，用白色刺子绣棉线平针沿着参考线缝合笔帘每个笔袋的宽度，两边不缝。

8. 将上面的布料按折线向下翻折，将布料的左右两边沿着距边缘5mm的缝份处，用平针将上面的三层布料进行缝合。将束口带夹入、用平针开始缝合左右两边的缝份，在一边留出翻转口。

9. 将布料翻到里面，并把束口带夹入、布料的左右两边用平针沿缝份进行缝合，在缝合束口带的对面一边留出翻转口。（束口带具体放置在那一边可以根据个人使用习惯而定）。

零失败Tips：1. 卷羽面的开口位置留在左右两侧，同时，要忘记把捆笔带的绳子缝合进去。

2. 每条缝线的端点都重复缝一针，这样既美观，又耐用。

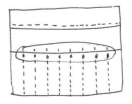

6 增加配饰

1-3.在束口带的末端增加一个木质的配饰。

配饰的形式可以有很多种，

材料也可以有多种尝试。

布料·木艺……都可以。

拼布手机壳

人手一部智能手机的时代，手机壳大批量地生产，虽然设计品质在不断提升，难免还是大同小异，为了让手机有一个不一样的"外套"，我设计了这款拼布手机壳，还可以根据自己喜欢的布料进行组合，创作出独一无二的私人定制款手机壳。

A. 工具和材料

手机壳素胚、深浅蓝染布各一块、日本印花布两块、布用双面胶、模型U胶、和日本印花布颜色相同的两股缝线。

① 剪裁布料

1. 根据手机壳素胚的型号尺寸在布料上画出摄像头、耳机、出声孔的位置。
2. 用小剪刀精准地裁剪出各个孔的位置。

零失败Tips：在布料上剪孔的时候，剪的孔可以略大于手机壳的孔的实际尺寸，给锁边绣留一些空间，绣完刚刚好。

小时候学锁扣眼，觉得特别像蜈蚣。

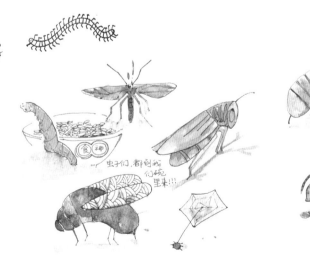

❷ 在布料上拼出图形

零失败Tips：粘合衬最好裁剪得比布料小一圈，
这样在熨烫的过程中不会粘到外面来。

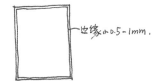

└边缘小0.5~1mm.

◆ 举一反三 各种拼贴图案

选好自己喜欢的花布，用最
简单的形状就可以.

图形主题

几何形组合

开级版的举一反三.

 来自印第安部落
"kuna"妇女
的手工纹样 →

1-2. 在剪出的蓝染布料的基础上裁剪出 2~3 块颜色鲜艳的日本印花
布料做拼贴。

3-6. 剪出比印花布小一圈的布用双面胶，贴在印花布的背面，再贴
在蓝染布料上并用熨斗熨烫固定在蓝染布上。

书上、网络上看到的纹样都可以成为布艺创作
的题材．不要担心没有绘画基础，可以打印出来直
接拷贝.

❸ 刺绣贴布

1-3. 用锁边针法围绕着小块贴布边缘缝合。

4. 继续用锁边针法围绕着剪出的开孔边缘锁边。

5. 用水消笔标记开关和音量键的位置，然后绣出一排凸出的点，方便按压。

零失败Tips：1. 锁边绣的要点就是尽量保持每个针脚边缘的距离相等，针间距也要保持相等。

↖可以先画出参考线。

弧线的分布更要注意均匀。

2. 在开孔边缘使用锁边绣时要用小针，针脚到边缘的距离保持在3-4mm为最佳，避免边缘的布料脱散。

❹ 将布料粘贴在手机壳素胚上

1-3. 拿手机壳做参考，在手机壳底部位置的布料上均匀地涂抹一层模型胶，然后把手机壳素胚与布料粘在一起。

4. 底部固定好之后把模型胶涂抹到边缘的布料，确保按键和留孔契合后粘贴在手机壳上。

5-6. 把多出的边材向内折，在壳内留有 2~3mm 的位置做出记号，再用剪刀修剪多余的布料，然后薄薄地涂抹一层胶后向内折用小夹子夹紧，其他三边用同样的方法固定。转角的地方尽量扯紧贴合手机壳素胚，转角的位置可以先不用涂胶水，留到后面处理。

零失败 Tips：1. 开孔的位置不要有太多胶水，否则在粘贴的进程中挤出的胶水会很难清理，功亏一篑。
　　　　　　　　但也不要太少，否则无法贴合。

少许…

那到底是多少?

还记得放盐的故事吗?

2. 薄的布料·浅色的布料容易透胶，所以最好先做实验，找准胶水的量。

⑤ 转角细节处理

1. 静置 10~20 分钟后观察布料是不是与手机壳粘在一起，取下夹子处理转角的位置。

2. 把布料绷紧与手机壳的转角弧度贴合。

3-5. 绷紧后用剪刀贴着手机壳把多余的布料剪去。在布料里面涂胶后粘贴在手机素胚上面。

日本布钱包

◇◇◇◇◇◇◇◇◇◇◇◇◇◇◇◇◇◇◇◇◇◇◇◇◇◇◇◇◇◇◇◇◇

市面上常见的钱包,有各式各样的款式、风格、材质,但总归是以批量生产为主,不够独特。这款长款钱包用的是日本进口布料,花样独特,以宠物猫狗为题材,色调雅致,搭配不同花色以及纯色棉麻布料,卡位和现金的放置完全根据个人需求来确定,可以灵活调整。

A. 工具和材料

日本布一块(表布)(19.5cm×19.5cm)编号:A1、

褐色内底布一块(里布)(19.5cm×19.5cm)编号:B1、

左边卡位表布七块(8cm×9.5cm)编号:C1~C7、

左边卡位里布一块(8cm×19.5cm)编号:D1

左边卡位包边衬布一块(10cm×19.5cm)编号:E1、

右边卡位表布三块(8cm×19.5cm)编号:F1、F2、F3、

夹层表布两块(9.5cm×19.5cm)编号:G1、G2、

夹层包边衬布两块(11.5cm×19.5cm)编号:H1、H2、

无纺衬(50cm×50cm)

表布铺棉一块(19.5cm×19.5cm)、

方格包边条1m(包含扣绳)。

B. 尺寸图

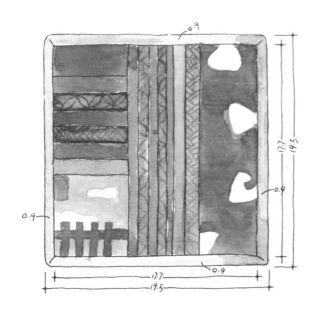

单位：cm

① 对布料进行裁剪、烫衬

1. 按照尺寸明细表分别裁剪出相对应的布料并编号。

2. 把裁剪的卡位及夹层布料（编号：C1～C7、D1、E1、F1、F2、F3、G1、G2、H1、H2）背面向上排列整齐放置。

3. 把大块的衬胶面向下平铺在布料上，用熨斗把衬与布料熨烫在一起。

4. 用剪刀把烫衬后的布料分别裁剪开，把钱包的表布熨烫上厚的铺棉（如果希望钱包更立体可以选用更硬的铺棉或衬）。

零失败Tips：1. 裁剪之后的布料尽量不要经常移动、拉扯，避免布料变形和毛边。

2. 平时家用的烫衣板尺寸一般比较小，可以选一块大块的厚布料平铺在桌面上。

布料背面朝上，布衬胶面朝下

厚布料替代烫衣板

3. 烫衬之前一定要再三确认布料和胶面的方向，布料排列尽量紧凑，这样既节省衬的用料，又方便之后剪裁。

② 缝合卡位布料缝份

 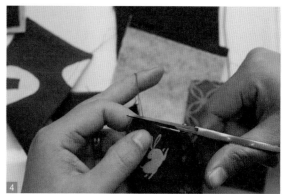

1. 把左右卡位布料的插卡方向的一边进行收边处理（编号：C1～C7、F1、F2、F3），先把 0.7~1cm 的缝份两次向内折并用熨斗熨烫固定。

2-4. 用缝纫机缝合卡位布料插卡方向的缝份。

零失败Tips：1.折叠熨烫时要工整，不要宽窄不一.

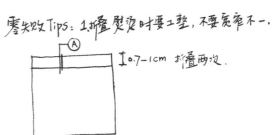

Ⓐ
↕0.7-1cm 折叠两次.

2.用缝纫机缝合时，走线要与也缘平行，保持
-致.不用每块布料都断线.最后一起剪断即可.

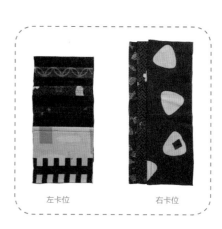

左卡位　　右卡位

❸ 缝合卡位

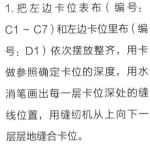

1. 把左边卡位表布（编号：C1～C7）和左边卡位里布（编号：D1）依次摆放整齐，用卡做参照确定卡位的深度，用水消笔画出每一层卡位深处的缝线位置，用缝纫机从上向下一层层地缝合卡位。

2-3. 用水消笔画出左边卡位左右两边的缝份位置并用缝纫机缝合。

4-5. 用同样的方法把右边卡位表布（编号：F1、F2、F3）和右边夹层表布（编号：G2）进行缝合右边卡位的深度。

6. 用缝纫机缝出右边卡位的分隔线。并同样用水消笔画出右边卡位上下两边的缝份位置并用缝纫机缝合。

零失败Tips：1. 缝合卡位前，确认每块卡位的布尺寸一致，如果有尺寸误差，应及时调整。

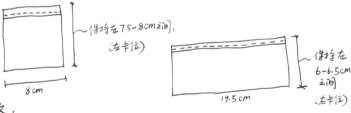

保持在7.5-8cm之间，（左卡位）

8cm

保持在6-6.5cm之间（右卡位）

19.5cm

2. 缝合每块卡位时，保持平行与间距一致。

为了拍清楚每个步骤……大家都很拼。

3. 右边卡位的中线起点处要回针。

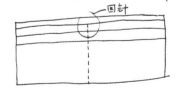

回针

机缝的回针是由机器上的按钮控制的。

符号如图

④ 将左边卡位及夹层进行包边

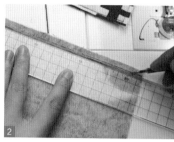

1. 将缝合缝份后的左边的卡位布料的左右两边用剪刀剪裁整齐。
2. 把左边卡位与左边卡位包边衬布（编号：E1）正面朝里、背面朝外沿右边缘对齐，用水消笔画出缝份位置。
3. 用缝纫机缝合卡位与包边布的缝份。

面线压力常规在5左右，缝厚面料时调至7。

4 5 6

零失败Tips：卡位多层叠加之后会非常厚，缝纫机的速度要调慢，面线压力要调大。

最厚的部位

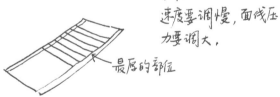

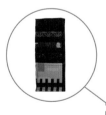

左卡位

4-5. 把包边布沿着卡位边缘翻折到卡位的背面。

6. 用缝纫机缝合固定卡位的其他三边，把卡位与衬布进行缝合。

7. 把左边的夹层表布（编号：G1）与夹层包边衬布（编号：H1）正面朝里、背面朝外，沿右边缘对齐画出缝份并用缝纫机缝合。

8-9. 把包边布沿夹层表布的边缘翻折后缝合其他三边。

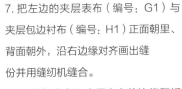

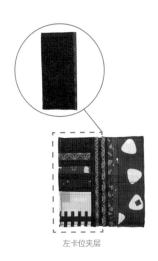

左卡位夹层

❺ 将右边卡位及夹层进行包边

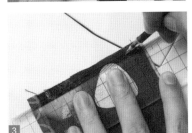

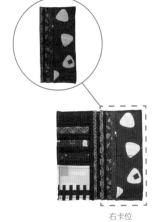

右卡位

1. 把右边卡位与夹层包边衬布（编号：H2)正面朝里、背面朝外沿左边缘对齐，用缝纫机缝合卡位与夹层包边衬布的缝份。

2. 把夹层包边衬布沿着卡位边缘翻折到卡位的背面。

3. 用水消笔画出卡位的其它三边缝份的位置。

4. 用缝纫机缝合固定其它三边的缝份，将卡位与夹层包边衬布进行缝合。

6 将卡位、夹层与表布缝合在一起

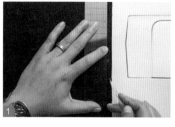 

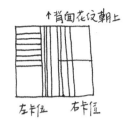

↑背面花纹朝上

左卡位　右卡位

1. 把钱包的熨烫上铺面的表布(编号: A1)与褐色内底布(编号: B1)背面朝里、正面朝外对齐放好,用水消笔画出缝份。

2. 用缝纫机缝合钱包表布与衬布。

3. 把钱包的表布、左右卡位及夹层按顺序摆放好。

4. 用缝纫机沿四周缝份将钱包的表布与左右卡位及夹层布料缝合固定。

2. 缝合卡位时先固定上下两也,再固定左右两也,缝合时始终保持内部朝上,这样会形成一个自然向内翘的小弧度.

这样的角度会让钱包合起来时看起来更平整.

7 缝制扣带

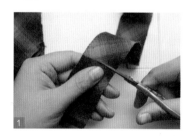 

1. 剪一段包边条缝制扣带,扣带的颜色可以根据喜好进行调整。

2. 将布料上下两边的缝份向内折,用骨笔刮出折痕再对折。

3. 用缝纫机缝合扣带。

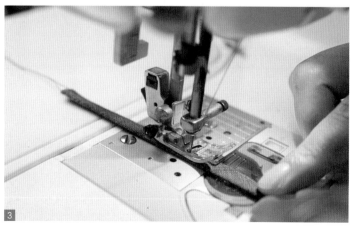

 用麻绳也可以.

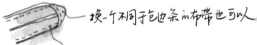 换一个用于包边条的布带也可以

手缝线也可以增加手作自然感.

8 将钱包外面进行机缝包边

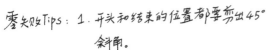

1. 用剪刀把钱包的边缘修剪整齐，把包边条正面朝里、背面朝外，沿着钱包的边缘摆放一圈，确定包边条长度位置，从右下角开始把缝头留在不显眼的位置，开端处裁剪出45°斜角。

2. 用缝纫机缝合钱包外面的包边。

3. 缝合到转角位置时，将包边条折出45°的对折边。

4. 缝合完转角之后继续缝合剩余包边条。

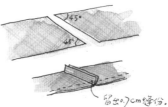

零失败Tips：1. 开头和结束的位置都要剪出45°斜角。

2. 缝线的边缘保持与表布的边缘平行，间距0.7cm右右。随时检查是否有露出缝线（之前缝合卡位时留下的）

留出0.7cm缝份。

注剪这个角不要被缝线压住。

5-6. 结尾处把包边条的末端用水消笔画出并裁剪出与开端一致的斜角，留出缝份。

7-9. 用平针缝合包边条的开端和尾端，并用剪刀裁剪包边条缝合后多余的布料。

9 固定扣带

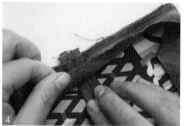

1–2. 在钱包正面的左边中间位置用水消笔标记中点及左右两边各 1cm 的位置。

3. 用拆线器拆除水消笔画定区域内包边条的缝线。

4. 把扣带对折塞入拆线后开口的位置。

5. 用缝纫机把包边条、扣带和拆线开口位置进行缝合。

6. 接着用剪刀剪去扣带边缘多余的部分。

⑩ 将钱包里面进行藏针缝包边

零失败Tips：向内折角时，注意上.下.左.右的 对称关系

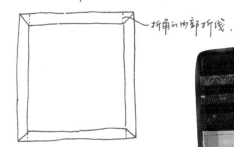

折角的内部折线.

1. 将包边条翻折到钱包里面，折叠缝份位置。

2-3. 用藏针缝缝合钱包里面的包边。

4. 转角的位置也用藏针缝固定出折角。

⑪ 缝扣子

1. 选一个与钱包搭配的包扣，用水消笔在钱包的外面右边缘的中间位置做标记。

2-3. 将包扣缝合固定在钱包的表布上。

布包扣、木扣子、铜扣子……
都可以搭配.

圆扣子

方扣子

牛角扣……

拼布小挎包

◇◇◇◇◇◇◇◇◇◇◇◇◇◇◇◇◇◇◇◇◇◇◇◇◇◇◇◇

这款包包的尺寸适宜轻便出行，刚好能容纳手机、钱包、钥匙、纸巾等随身的基本物件。我用
旅行带回来的一组日本印花布组成了基础的方块形拼布，虽然简单，但是仍然很出效果。系带
型的背带可以自由调节长短，斜跨、侧背、手提都可以。

A. 工具和材料

拼布用布 15 种，里布用素色布，
若布料有折痕可用熨斗熨烫。新布
料水洗去掉浆液，熨烫整理布纹后
再用于制作才不会变形。

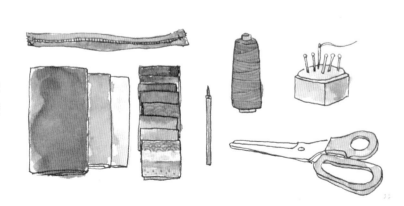

B. 尺寸图

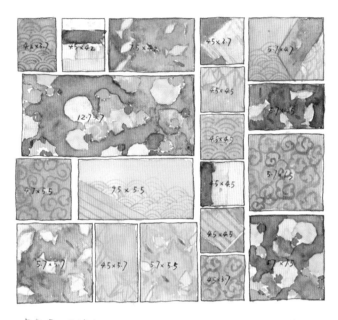

表布

正面拼布拼缝完成尺寸：21.4cm×19cm

拼布里红色衬布一块：22cm×21cm

里面红色表布一块：22cm×25cm

背面表布蓝色花布一块：22cm×25cm

包的宽度表布一块：7cm×60cm

开口处两边布红色和蓝色花布各一块：7cm×30cm

背带扣绳两块：8cm×4cm

背带绳一条：4cm×150cm

里布

里布素色衬布两块：22cm×25cm

宽度里布一块：7cm×60cm

开口处里布两块：7cm×30cm

铺棉

铺棉五块：20cm×25cm（两块）、
5cm×58cm、2.5cm×28cm（两块）

包含0.7cm的缝份

单位：cm

1 在布料上画出印记后进行剪裁

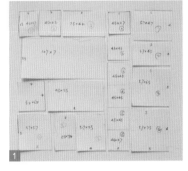

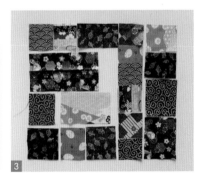

1. 按照尺寸图裁剪 成纸版并画在布料上，同时在每块布料的背面每边画出0.7cm

的缝份。

2-3. 用剪刀沿着缝份外边缘裁剪出相应的布料。

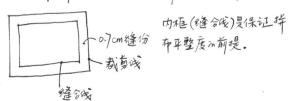

零失败Tips：裁剪布料时注意尺寸准确，缝份也
要画准确。内框为缝合线，外框为裁剪线。

内框（缝合线）是保证拼
布平整度的前提。

0.7cm缝份
裁剪线
缝合线

举一反三 拼布图案:

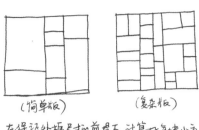

(简单版)　　　（复杂版）

在保证外框尺寸的提下,计算好每块小方块的大宽,然后再等也增加0.7cm的缝份进行裁剪。

举一反三的升级版

传统拼布中有许多经典的几何形拼布图案,熟练了之后,可以多多尝试。

方块拼布可以简单也可以更复杂一些。

3.0+5.2+2.5+2.5+2.0+1.5+.....

千万别算错哦!

❷ 进行表布的拼接

1

2

3

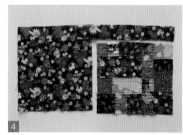
4

5

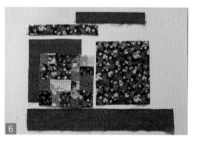
6

1-3. 沿着缝份缝合、拼接表布。

4-6. 剪裁出其他所需的布料。

零失败Tips: 1.拼合两块布料时,要特别留意起点的位置是否对准,注意观察正反两面。

第一针和最后一针要多缝一针,以保证拼布的牢固。

2. 把靠在一起的同样宽度的布料先缝合在一起,再拼接也。

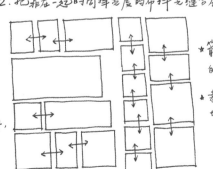

★箭头的方向即第一批拼的小块。

★裁剪的时候可以给这些块编上号,防止弄混。

③ 进行衍缝

1-2. 将布料背面熨烫铺棉，用棉线在拼接布料的每一个小块布料边缘进行压线，把布料与铺棉缝合在一起。

3-4. 在红色布料上方压缝装饰线。

5. 衍缝完成后的效果。

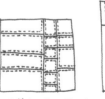

零失败Tips：1.衍缝的图案要先画好，再压线。分解图如下：

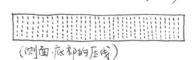

（拼布口袋的压线）　（正面布料被拼布口袋遮住的部分不用压线）　（背面根据布料花纹均匀分布压线）

（侧面·底部的压线）　（拉链两侧压线）压线要对称

为了使外层纺织物与内芯之间贴紧固定，使其厚薄均匀，将外层纺织物与内芯以等排直线或装饰图案式地缝合起来，这种增加美感与家用性的工序，称为衍缝。

衍缝是一个漫长、耗时的过程，要耐心。

一个小时……　二个小时……　很多个小时……

老羊　老羊　老羊　老羊听课……

④ 缝合各个布块

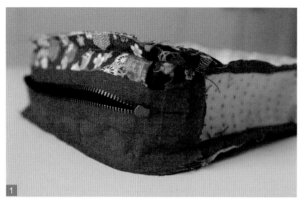

1-4. 把拉链用平针缝合在开口处的两块布料中间。分别把包的正面、背面、侧面、开口处的布料正面朝里背面朝外进行缝合。把素色里布也按顺序缝合。

零失败Tips：

1. 缝合拉链的时候，
 一定要保持拉链的闭合状态。
 这样才不会错位。

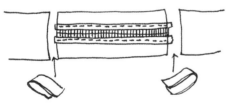

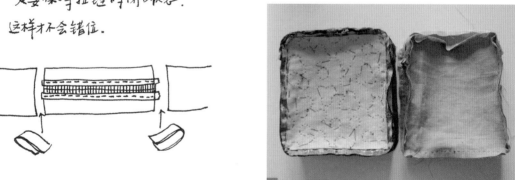

2. 缝合侧面和拉链时，
 把亲背带的"布耳朵"夹
 进去，缝合牢固。

3. 缝合侧面和正、反面时容易错位，缝合前可以
 先疏缝一圈固定。及时调整布料位置。

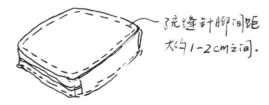

疏缝针脚间距
大约1-2cm之间。

5 里外缝合

1-4. 把里布翻面，然后套在缝合好未翻面的表布外面。用藏针缝把里布与表布在拉链的位置进行缝合。

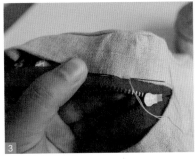

零失败Tips：

　　藏针缝里布时，尽量把边多折进去一些，让缝合的位置比外面布料后退一些。否则藏针缝下方的线会在正面露出来。

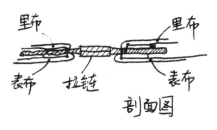

里布　　　　　　里布
表布　　拉链　　　表布

剖面图

又！

书上大样图来了……

松果摆件

我们想分享的不仅仅是一件作品，而是一种生活方式。恰逢圣诞我制作了松果摆件，在松果里满满塞上软软的布艺小球，让整个圣诞都温暖起来了。只要一点点想象力，加上一点对美的追求，就会给生活增添不少色彩。

A. 工具和材料

松果一颗，印花布 8~12种，直径 5.5cm、4.5cm、4cm、3cm 的圆形纸版各一个或 yoyo 花制作工具一套（包括大中小号），填充棉，模型胶。

❶ 制作小布球

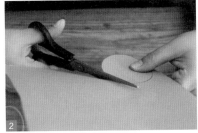

方法一：

1-3. 将生活中常用的杯子等圆形用品制成纸版后用来裁剪布料。

4-5. 用针线沿着布料的边缘缝份缝一圈。

6. 填充棉花的时候一边收紧一边把棉花团塞进布料里面。为了使收口更加牢固，可以在收口外多缝几针之后再打结束。

零失败Tips：

1. 做纸版时可别偷懒，布料的圆才能做出饱满的圆形小球。

大、中、小号的纸版都要有。

很象包子呢！但我还是爱吃饺子。

就知道吃，小心吃成个大包子！！！

而且还是没有人要的包子……

天津 狗不理

张势广告植入……（此广告位价值 xxxx元）

2. 针脚的间距尽量均匀，这样布球的褶皱才会均匀。

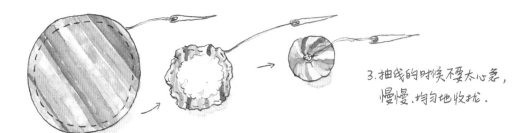

3. 抽线的时候不要太心急，慢慢、均匀地收拢。

方法二：

1-2. 用制作 YOYO 花的工具固定布料后裁剪成圆形。

3-4. 沿着 YOYO 花工具的边缘的穿针孔，用针线把布料的边缘缝一圈后把悠悠花工具取下。

5-7. 填充棉花后把布料进行收口。

零失败 Tips：YoYo 花的工具有几种尺寸，大、中、小号都得有。
（和做纸型是一个道理）

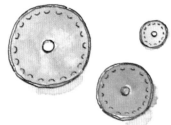

有工具为什么不早拿出来！呸！

2 粘贴、调整造型

1-2. 用模型胶把棉球固定在松果的缝隙中间。

零失败Tips：1. 根据松果缝隙间距塞入不同大小的小布球，尽量使松果显得饱满，没有各洞。

2. 胶水的量要控制好，直接挤到松果里面，而不是布球上。

享受这个安静的过程吧！

微信扫一扫，
获取案例视频讲解。

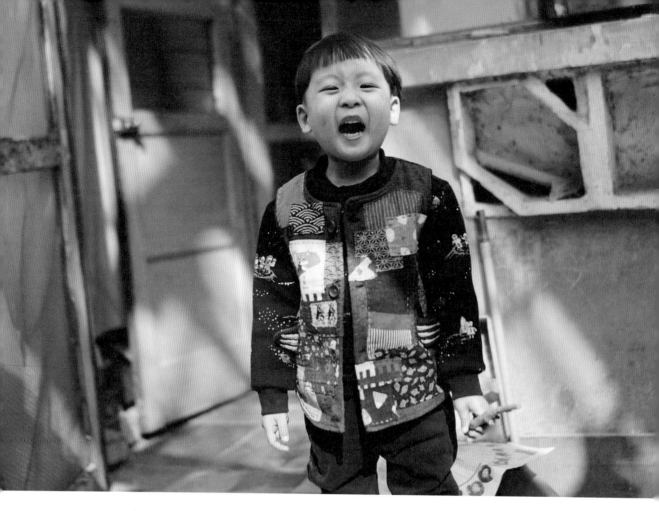

贴布小马甲

现代版的"百布衫"小马甲。因为热爱布艺，走到哪儿都会搜集一些图案漂亮、工艺特别的布料，这里用到了贵州的蓝染布、湘西的蜡染布、崇明的老粗布、京都的印花布……把它们层层叠叠地缝在小朋友的马甲上，也算是带他看世界的一种方式吧。

A. 工具和材料

蓝染布和日本布料共 10~12 种。

零失败 Tips：布料的花纹和颜色的搭配是成功的
关键。尽量选择面料材质一样，纹路和颜
色能相互搭配的。

挑选的时候可以把布料折叠成小方块叠在一起进行比对。
还可以选择购买一些由设计师搭配好的布组。

1 准备布料

1-2. 搭配 10~12 种图案的各式布料，用于拼贴。

3. 拆卸衣服上的装饰，如扣子。

❷ 裁剪拼贴布料

1-3. 把日本拼贴布料裁剪成大小不同的布块。

4-6. 调整布料在马甲上的位置和前后关系，注意袖口、

领口、口袋这些特殊位置布料的剪裁。

 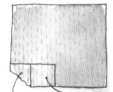

新布料靠边裁剪

多余的边料
留起来　靠着已使用的边
裁剪

零失败Tips：1.裁剪布料时，从每块布的边缘处开始，
尽量不浪费。裁剪时多余的布料不要扔，收集起
来，还可以用来做更小件的拼布作品。

2.全部裁剪完成之后，排好位置拍张照片。因
为缝合时是从最下层开始的，上面的都要挪开。

可以准备一个小篮子可收集
碎布料.

❸ 拼贴口袋部位的布块

1. 把布料的缝份向内折，然后用珠针固定位置。

2. 用水消笔标记出口袋内衬的大小及位置。

3-4. 用刺子绣棉线平针来缝合布料，缝合时要注意口袋的位置。

零失效Tips：

　　1. 缝线的位置不要太靠内，一定要
压住折进去的缝份。

压线的位置

内折缝份

2. 口袋的部位用手指撑开来进行缝合，不要把口袋缝死了。

可以画出啥内袋的记号线。被布块压住的部位从啥内侧缝合。

❹ 拼贴边角部位的布块

1. 对于不好折边的布料，可以用骨刀处理布料上下两端的缝份。

2-3. 把布料正面朝里、背面朝外用平针缝合在背心里面的边缘位置。

4. 把布料沿着背心边缘翻折到正面，用平针缝合固定。

5 依次拼贴全部的布块

1-2. 挑选一块图案别致的布料，把缝份向内折缝合成胸前的小口袋。

3-6. 将每块布料的缝份都折叠好，用平针依次缝合固定。

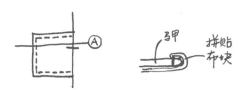

零失败Tips：靠近也角部位的布块裁剪时要适
当留出折也的尺寸，大约2cm左右。

⑥ 缝制小马甲口袋小耳朵

1. 裁剪一块对称图案的布料，分别从中间剪开。

2. 把布料正面朝里、背面朝外，沿边缘缝合弧边，直边留做翻转口。

3. 在弧边剪出牙口。

4. 从翻转口处翻面。

5. 取棉花进行填充。

6-7. 用平针缝合开口。

8-9. 在图案边缘用平针进行压线。

10-12. 把小鱼用平针分别固定在两边的口袋上。

零失败Tips：这里是整件衣服的"点睛之笔"，所以要为它挑选合适的图案。尽量保证图案完整、有趣。

7 制作小马甲的胸针

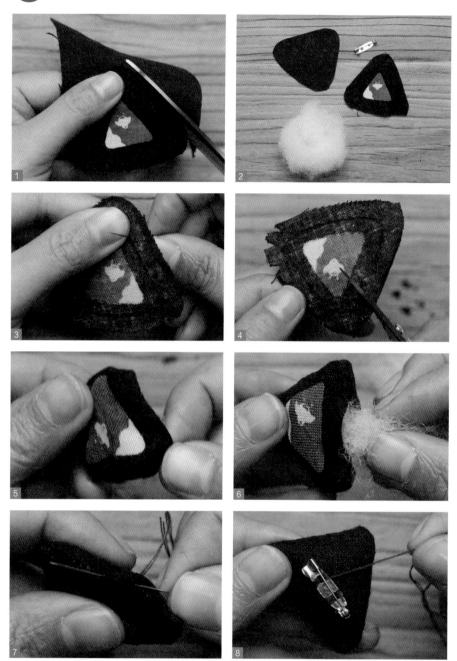

1. 裁剪两块大小相同的三角形，剪出与图案一致的圆角。

2. 准备填充的棉花和金属胸针配件。

3. 将两块布料正面朝里背面朝外，用平针进行缝合，并留出翻转口。

4. 在转角位置用剪刀剪出牙口。

5. 将布料进行翻面。

6. 将棉花从翻转口处进行填充。

7. 用藏针缝，将翻转口进行缝合。

8. 用针线将金属胸针配件固定到胸针背面。

8 缝扣子

1. 将马甲扣眼的一边搭在另外一边上，根据扣眼的位置做出横向标记。

2. 用尺子量出每颗扣子距边缘的位置，做出纵向标记。

3-4. 把扣子缝在两个标记的交点上。

生活中只要留心，不难发现有许多物品可以用来改造，如白色帆布鞋、白色棉袜、旧 T-shirt、手机壳等。动起双手赋予这些物品新的面貌吧！

· 蓝染拼布鞋子

1. 首先调和植物靛蓝染料。

2-4. 然后将白色帆布鞋、袜在染料中通过反复的浸泡和晾晒染色，最后将不同形状大小的蓝染老粗布，用平针缝到染好的帆布鞋上。

· 蓝染袜子

1. 挑选深浅不同的三块蓝染布料。

2. 将两只袜子相对放置，裁剪出大小、形状、颜色不同的小块几何形状，和分别小于布料的"布用双面胶"。

3. 将布料摆放好后，用熨斗将其固定在袜子上。

4-6. 用刺子绣针法将布料缝合在袜子上。

考拉玩偶

每个小朋友都应该有一个陪伴他长大的玩偶。在麦子还没有出生的时候我参与了一次公益手工制作，同时做了两个考拉玩偶，一件寄给了山区的孩子们，另一件留给了即将出生的麦子。在做的过程中我详细记录了整个过程，准备分享给没有足够经验的手工初学者，也算是这本手工书最早的尝试。

A. 工具和材料

不同花色的布料（按 P70-71 页所给的尺寸图纸剪裁），用于眼睛处绿色小扣子两枚、用于关节处棕色扣子四枚。

① 剪裁布料

1. 用裁纸剪刀裁剪尺寸图纸（图纸附在案例后），制成纸版。按照纸版分别裁剪出考拉的四肢、身体、头部及装饰的布料。沿着纸版的内框分别画出相对应布料的缝份，并在布料上画出纸版上的标记。

2. 用熨斗熨烫布料。

零失败Tips：

1. 在按照纸样裁剪布料时，注意正反面对称。例如裁剪四肢时，正面裁剪2份，背面裁剪2份。

2. 缝份根据纸样的外侧统一画出，这样缝合线才会更准确。

错误示范

这样才能正确缝合.

翻转面和

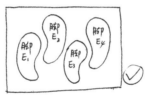
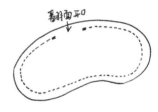

3-6. 把考拉的每个部位需要缝合在一起的布料分类摆放在一起。

这个缝线叫蚂蚁线.

那我们是蚂蚁？

蚂蚁爬出来的.....叫蚂蚁线...？

② 缝合考拉玩偶的四肢布料

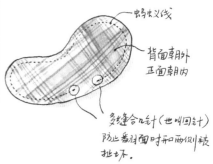

零失败 Tips:

1. 缝合时确定布料正面相对,背面朝上.

——蚂蚁义线

背面朝外
正面朝内

多缝合几针（也叫回针）防止着翻面时开口两侧被批坏.

1. 将标注"脚E1-E4"的布料正面朝里、背面朝外、两两相对进行缝合,留出翻转口。然后剪出牙口。

2. 把标注"手D1-D4"的布料正面朝里、背面朝外、两两相对进行缝合,并留出翻转口。然后剪出牙口。

2. 缝合时第一针和最后一针要回针固定,重复缝2针.针脚尽可能小而密集,这样才能保证弧度圆背平整.

3. 由于考拉玩偶的缝线也缘都是弧也,所以要剪出相对密集的小牙口,同时注意和的位置不要太靠近缝线,防止布料脱线.

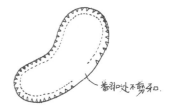

蓄剁处不剪和.

③ 缝合考拉玩偶身体的布料

1. 分别将"身体后上C3"和"身体后下C5"、"身体后上C4"和"身体后下C6"正面朝里、背面朝外、进行缝合。缝合时注意对齐边角。

2-3. 将"身体前部C1"布料正面朝里、背面朝外、沿中线对折后缝合斜边开口位置。

4-5. 将缝合好的两块身体布料与"身体前部C1"正面朝里、背面朝外、进行缝合,留出下方的翻转口。然后剪出牙口。

④ 缝合考拉玩偶的头部布料

1. 分别将"头单侧B1""头单侧B2"的开角处正面朝里、背面朝外、进行缝合，之后再将"头单侧 B1 和 B2"正面朝里、背面朝外进行缝合。

2. 将"头中央前 A1"和"头中央后 A2" 正面朝里、背面朝外进行缝合。

3. 分别将"耳朵 F1-F4"的布料，正面朝里、背面朝外、两两相对进行缝合，留出翻转口。

4-6. 将考拉玩偶头部的"头单侧"和"头中央"的布料正面朝里、背面朝外进行缝合，留出下方的翻转口。

别忘了剪出牙口哦！

❺ 进行翻面

1-4. 将考拉玩偶的头部、身体、四肢及耳朵从翻转口处翻面。

❻ 进行填充

1-2. 用棉花填充考拉玩偶的头部、身体、四肢及耳朵。

3-4. 把耳朵和四肢的翻转口用藏针缝进行收口。

7 缝制眼睛、鼻子和耳朵

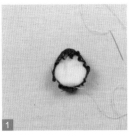

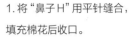
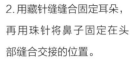
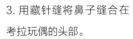
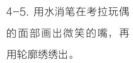

1. 将"鼻子H"用平针缝合，填充棉花后收口。

2. 用藏针缝缝合固定耳朵，再用珠针将鼻子固定在头部缝合交接的位置。

3. 用藏针缝将鼻子缝合在考拉玩偶的头部。

4-5. 用水消笔在考拉玩偶的面部画出微笑的嘴，再用轮廓绣绣出。

6. 两粒小扣子将作为眼睛缝合在考拉玩偶的脸部。

零失败Tips:

缝制考拉的五官的时候，要藏好线头，第一针从布料的里面穿出，把线头留在里面，结束时从旁边的针脚缝隙里面穿过填充棉在另一面扯出，再剪断线。

第一针从里面穿出

结束最后一针从缝隙里面穿过.

8 缝合头部、身体与四肢

1. 用藏针缝将考拉玩偶的头部和身体进行缝合。

2. 将考拉玩偶的四肢分别缝合在身体的左右两侧，将木扣子缝合在四肢与身体缝合的位置，再给考拉玩偶加上领结做装饰。

扣子缝合在胳膊活动的中心位置.

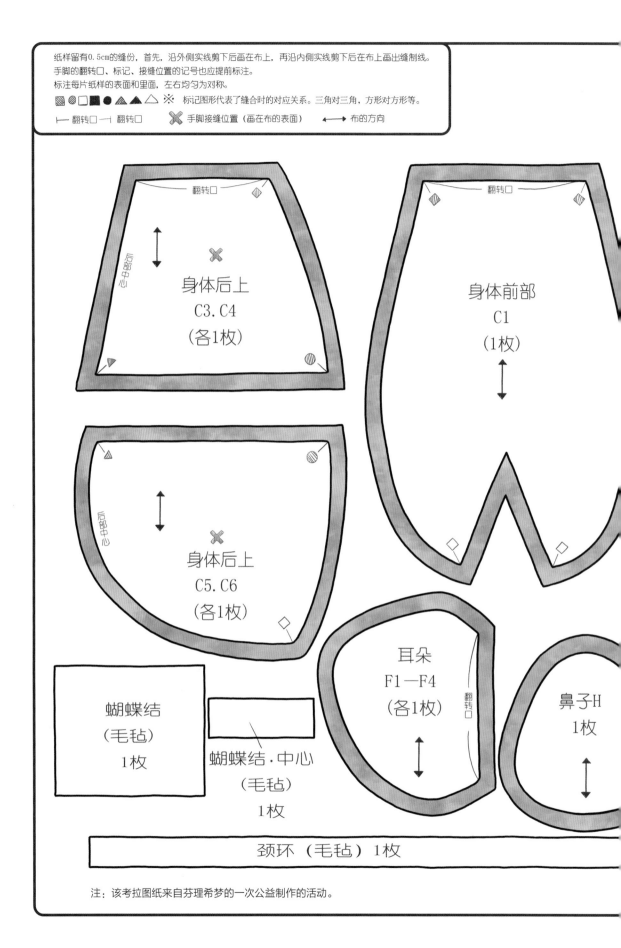

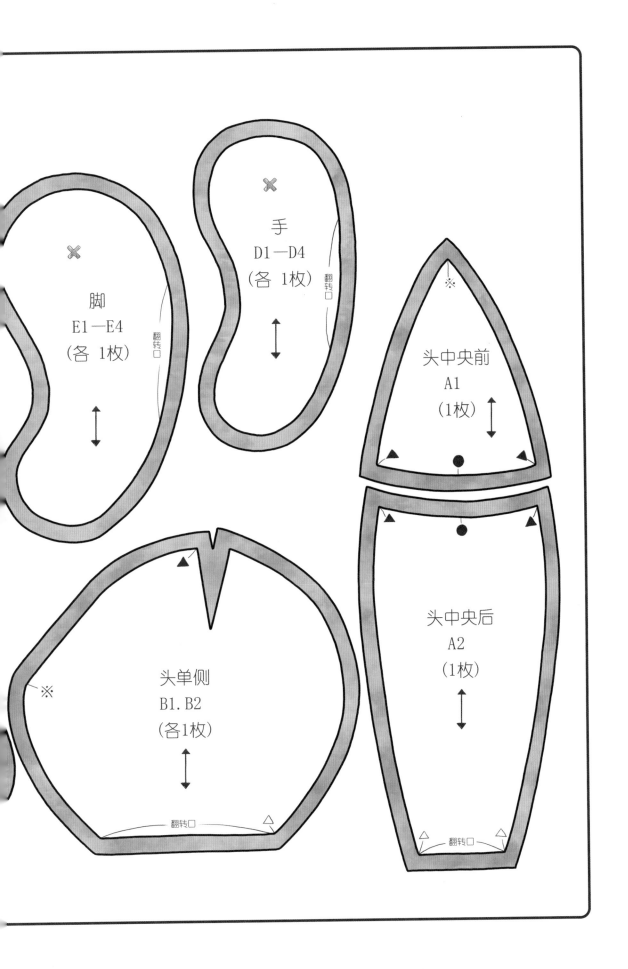

脚
E1—E4
（各 1枚）

手
D1—D4
（各 1枚）

翻转口

头中央前
A1
（1枚）

头单侧
B1. B2
（各1枚）

※

翻转口

头中央后
A2
（1枚）

翻转口

Part 2 治愈系木制小物件

笔者在大学里教了十二年的家具设计课，在课程实践的过程中，带着学生们做了无数件木头家具与器物。很多人都觉得在日常生活中去"做木头"好像很有难度、很危险，但是当我们真的准备一套基础的工具，从划线到锯切挖凿，打磨上油，到一件温暖有趣的小作品在自己的手上一点点呈现，会发现其实一点都不难。我们挑选了这十件相对简单好学的小物件，由简单到复杂，供大家学习尝试。

一、木艺工具介绍

1. 防护工具

我们在木作产品的制作、打磨的过程中所处的是一个高浓度的粉尘环境，所以基础的防护工具是必不可少的。

护目镜

护目镜可以避免在制作打磨过程中产生的粉尘、木屑进入眼睛，也可以维持工作时的良好视线。

防尘口罩

专业的木工防尘口罩可以有效地避免吸入过多飘散在空气中的粉尘颗粒损伤呼吸道。

围裙

在制作木器的过程中常会有切割、打磨、上油等步骤，围裙能避免衣物沾染污渍。

防护手套

在进行工具操作时一定要佩戴防护手套，以防被锯子、手刀等尖锐锋利的工具划伤，因此在选择防护手套时尽量选择防割手套，但是也不宜太厚或太大，不合适的防护手套在制作时会阻碍双手的灵活性。

特别需要注意的是在操作高转速的电动工具例如"砂带机"时，佩戴防护手套是非常危险的，手套若是被卷入电动工具会把手也带进去，从而造成更大的伤害。

2. 固定工具

F 夹

一般情况下用于把需要粘连的木料进行固定，或是在操作台上辅助固定木料等。

快速夹

又称快速木工夹，常用于单手操作木料粘合，通常为塑料材质，夹台两端装有实用垫片，以防刮花木料。

台钳

台钳对于木工来说是非常重要的，可以将木料固定住，能自由拆卸或安装。

G 夹

G 夹也是起到固定作用的工具，可以将制作的木料固定在桌沿上，避免了用手来固定时会出现的事故，便于操作。

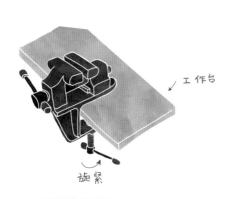

Tips: 台钳的使用方法

首先将台钳固定在操作台面上，然后就可以旋转床面的力杆调整宽度，放置木料后再夹紧木料，需要注意的是旋紧的力度要合适，防止夹伤木料表面。

3. 开料工具

木工铅笔

做记号用，尤其是得
清楚标示组装面、裁
切区块等。

直角尺

木工制作时常常需要确认尺寸和
直角等，也可以用来检查两个面
是否垂直，因此直角尺也是木工
必备。

卷尺

制作过程中的常用工具，用于随时
测量直线的长度，卷尺可以收缩，
方便携带。

平切锯

用于木料的横向切断及纵向分
解，是木器制作的基础工具，锯
齿间隙越大、越粗糙，其切割速
度就越快，间隙越小越精细、越
光滑，速度就越慢。

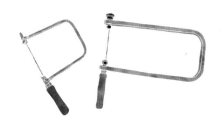

曲线锯

曲线锯由锯条和锯弓两个部分组
成，锯条安装的紧度以手指左右
按压的摆动弧度为5mm以内为
佳，锯条安装时，齿尖朝向自己
锯弓朝外。

电钻

用来给木料钻孔，可以更换钻头，
打出不同直径的孔，一般钻孔时下
面垫一块不用的木料，以防钻头直
接接触地面、操作台面造成钻头或
者地面、操作台面的损坏。

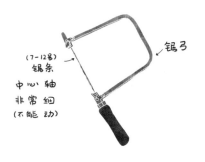

锯弓

(7~12号)
锯条
中心轴
非常细
(不能动)

横切→截断纤维

纵切→齿越细越慢

• 计划线、刚起锯的几下非常关键建
没有锯好的位置可以用刨子修整

下锯子的第一下按画好的
参考线向内拉，然后再向前推

• 锯子与木料保持垂直

90°

Tips：曲线锯使用方法

下锯子的第一下是按画好的参考线向内拉，然后再向前推，使用时尽量保
持身体与木料平行，锯子与木料垂直，这样才能锯出完美的形状。

4. 修整工具

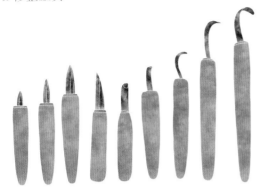

手刀

手刀的刀刃非常坚固锋利，所以使用它可以轻松地将木料削成自己想要的形状，特别要注意在使用时不可逞强用力，避免因木料过松软或过硬而划伤手。

凿刀

是常用的传统工具之一，主要用于铲削局部平面。形状较细薄，手柄长。上端一般不带箍，操作者用手或肩部顶手柄作业，也可用手锤轻敲作业。根据用途的不同，分为平口凿、弧形凿等。

作品的形状，有弯有平，角度不同，根据具体情况使用不同型号的凿刀，使用时刀前进的方向为顺纹理，拿刀的手要控制好角度和方向，一定要做到"刀前无肉"。

挫刀

在切割木料之后使用，锉刀上的锯齿可以快速地锉削出基础形状。

木工胶

木工胶主要用于粘合木料。

刨子

刨子的作用是把木材刨平、刨直、刨光，短刨子可用于打磨，灵活快速，大刨子可用于大面积的平直面。刀片可按照刚露出一根头发丝的厚度来安装。

刨子由刨刃和刨床两部分构成。刨刃是金属锻制而成的，刨床是木制的，将一段钢质刨刃斜向插入一个带方形孔的台座之中，上用压铁压紧。台座为长条形，左右有手柄，便于手持。

Tips: 凿刀使用注意事项

圆凿刀
· 入刀痕呈圆形 收刀也呈圆形
· 小弧度的刀子不能入木太深
· 常用大弧度的凿刀铲除大块木料

三角凿刀
· 入刀呈尖头形 收刀也呈尖形
· 一般用于刻画线条

· 运刀姿势
· 持刀的手法如握钢笔一样
· 左手可辅助右手用刀 可更好地掌握方向 避免运刀不稳
· 在运刀时左手禁止放在刀刃的前进方向 "刀前无肉"无论是自己的还是别人的

5.打磨抛光工具

砂纸

当木作产品经过切割、锯、挖凿等成型之后,砂纸就是主要的修形打磨的工具。砂纸研磨颗粒的粗细用"目"来表示,其目数越大,砂纸上的颗粒就越细越密,打磨得也就越光滑。所以打磨的顺序通常都是由目数低的到高的,其更换下一目砂纸的标准为看不到上一目砂纸打磨时留下的划痕。

砂纸夹板

专门固定砂纸的夹板。

6.涂装保养工具

木蜡油

在木作作品完成后用棉布蘸取适量木蜡油,反复均匀地涂抹在木料的表面上,用棉布反复擦拭抛光使木蜡油尽可能地渗透到木料里面。制作木艺餐盘时建议使用专业可食用的木蜡油,餐具使用过程中也可以用来保养,使用起来更加安全。

二、常用的木材

黑胡桃

黑胡桃木料切削面光滑，光泽柔和，呈黑褐色带紫色，切面为美丽的大抛物线花纹，有时有波浪形的卷曲树纹和指甲大小的"鸟啄痕"针结。

可使用简单的手工工具和机械加工，胶水固定性能良好，抛光后能获得极佳的表面，又极抗腐蚀，不易变形且耐用，所以是手工木作的常备之选。

樱桃木

心材是淡红色至棕色，纹理通直，表面加工后十分光洁，从 17 世纪起，樱桃木就是木匠和装饰工匠喜好的材质。

枫木

枫木分为软枫和硬枫两种，属温带木材，国内产于长江流域以南直至台湾，国外产于美国东部。木材呈灰褐至灰红色，年轮不明显，管孔多而小，分布均匀。枫木的纹理交错，结构甚细而均匀，质轻而较硬，花纹图案优良。容易加工，切面欠光滑，干燥时易翘曲，胶合性强。

花梨木

花梨木学名降香，材质优良，边材呈淡黄色，质地略疏松，心材呈红褐色，纹理致密，形成天然图案（俗称"鬼脸"），耐腐耐磨，不裂不翘，且散发芳香，可作香料。被视为制作上等家具的良材。

鸡翅木

鸡翅木为木材心材的弦切面上有鸡翅（"V"字形）花纹的一类红木，分布于全球亚热带地区，主要产地为东南亚和南美，纹理交错、清晰，颜色突兀，略有香气，生长年轮不明显。由于鸡翅木木质纹理别具特色，所以在使用时需反复衡量每一块木料，尽可能把纹理整洁和色彩优美的部分用在表面上。优美的造型加以色彩古艳的木纹，能给作品增添浓厚的艺术韵味。

榉木

榉木硬度强、抗冲击，蒸汽下易于弯曲，为江南特有的木材，纹理清晰，质地均匀，色调柔和、流畅。拥有特殊的、如同重叠波浪尖的"宝塔纹"，为具有贵族气质的木材。

木作小物

◇◇◇◇◇◇◇◇◇◇◇◇◇◇◇◇◇◇◇◇◇◇◇◇◇◇◇

刚接触木作的新手，在不能熟练操作木作工具的情况下，
可以先尝试制作难度较小的小件木制装饰品，在此过程中
学习各种工具的使用方法，熟悉工具及木料的特性。

尺寸图

2.5×3　　2.5×4.5　　2.5×5.5　　2.5×5.5　　2.5×5.5　　2.5×5.5　　3×2　　5.5×3.5

单位：cm

① 锯切木料

1. 在木料上用铅笔画出基础形。

2-3. 把木料固定在台钳上，用刀锯和曲线锯沿图形锯切木料。

4. 用平切锯把木料锯切成两半。

不要有太大压力
有时候锯歪一点点
会让作品看起来更
可爱 ^^

人长歪了
可爱吗？

零失败Tips：

　　1.画图的时候要线条清晰，刚开始使用锯子的新手，可以用尺子在木料的正、反两面同样的位置都画上线，方便锯切时正、反面都能对准。

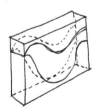

弧形的图案不容易画准，可以打印2张镜像的图稿，贴在木料的正反面。

　　2.无论是锯直线还是弧线，都要保持锯切的线和正面保持垂直。

锯片/锯条

90°

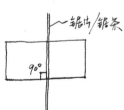

用力要均匀，自始至终保持垂直，否则会损伤锯片、或崩断锯条。

3.锯的时候沿着画好线条的外轮廓锯切，把图案的线条保留完整，尤其是新手，可以留出0.5~1mm的缝隙。

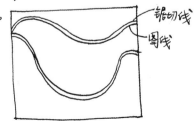

锯切线
图线

② 修形与打磨

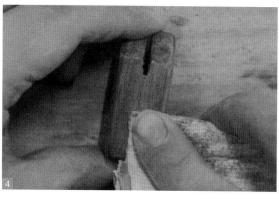 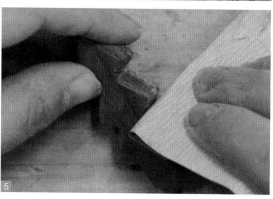

1-3.用手刀和锉刀修整基础形状。

4-5.用砂纸进行精细打磨。

零失败Tips：

1. 小的物件不容易固定，所以用刀修形比用锉刀更方便，但是刀的危险性远远大于锉刀。准备一副专业的防护手套很重要。

惨痛教训

缝了五针!!!

不过没关系，一个月之后，老羊又重操旧业了……

要不要打110？

不对，是120！

手指头在吗？

掉哪儿啦！

"案发现场"的血迹惊呆了小伙伴……

2. 用砂纸打磨时，也角处需要把砂纸折叠起来，或者卷起来使用。

把砂纸折叠起来打磨尖的转折处。

把砂纸卷起来打磨弧形的边缘。

☆粗砂纸也有修形的作用，所以使用时要把握好力度，随时观察，这样才能做出完美的作品。

③ 涂抹木蜡油

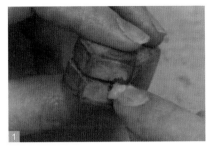

1-4. 用棉布蘸取木蜡油涂抹在木料表面。注意转角和缝隙处也要涂抹均匀。

零失败 Tips：

　　转角和缝隙的部位不容易上油，可以用指甲盖直接挖一小坨涂上去，让木蜡油完全渗进缝隙，再把多余的木蜡油往旁边抹开。

☆木蜡油的成分主要是蜂蜡、植物油，天然无公害。

又一冰凉某小伙伴......

老羊的胳膊上有一处纹身，某天皮肤太干，挖了一坨木蜡油抹上了......

举一反三：

　　木作小物的用处很多，做成小便签夹、名片夹，或者缝在衣服、包包上做扣子、装饰，都可以。

加一卷铁丝就可以夹便签了。

切一条缝隙刚好用来夹名片。

形状也可以有很多创意，动物、植物、简单的几何形......

木领结

领结曾是上流社会的象征，是正统的领口装饰。木质领结显得更加活泼，多了一些搭配组合的可能性，如它可以轻松地搭配休闲装。我们还在木质领结中间部分配上日本布料增加其柔软度，男生女生都适合佩戴。

尺寸图

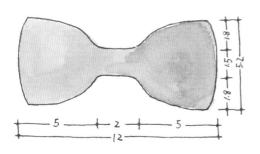
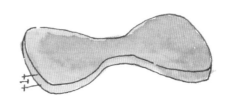

单位: cm

① 锯切木料

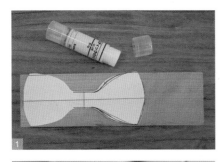

1. 按照给出的尺寸图, 制成纸版粘贴在木料上面。

2. 将木料固定在台钳上, 用曲线锯沿着图形边缘锯切。

3. 用画线器在领结侧边画出一圈中线。

4. 用平切锯沿着中线把领结锯切成两半。

零失败Tips:

1. 对于需要完全对称的图形, 最好用电脑软件绘图后打印出来, 贴在木料上之后再进行锯切。

软件很多种,
会一个就可以啦!

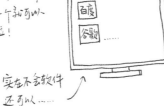

实在不会软件
还可以……

2. 越厚的木料越难保持锯缝与表面垂直, 容易有误差, 锯的时候沿着画好线条的外轮廓锯。

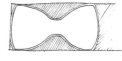

木料厚的话, 可以先锯外形再对切成薄片。但如果木料宽度超过8cm的话, 就很难用手锯切了。

推荐划线神器（传统木工工具）

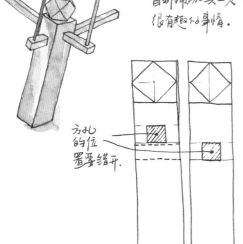

自制辅助工具也是一件
很有趣的事情.

为孔
的位
置要错开.

D=2.5mm
刚好放入
一支圆珠笔
笔芯.

2根方棍

尺寸可以根
据个人喜好
调整.

在传统木艺里，有许多工具和辅
件都是由木匠师傅们自己制作.
完成了划线器，恭喜您获得
鲁班小徽章.

② 打磨、上油

1-2. 用砂纸打磨修形，把不平整的截
面打磨平整，棱角的位置打磨圆滑。
3. 用棉布蘸取木蜡油，反复均匀地涂抹
在木料表面。

零失败Tips：

打磨时注意力度，
保证领结左右对称，
同时要让一对领结尽可能完全一样，

转角处要特别注意
动作要轻而慢.

打磨时先磨侧边，根
据锯切时保留的图纸修
整好领结的外形，再打磨
表面.

③ 缝制装饰布料与安装胸针配件

零失败Tips：

1. 裁剪布料时要注意花纹的方向，避免花纹歪了。

尽量选线条密集的布料。

大花纹的布料折叠之后图案就看不到了，纯色又太简单。

1. 搭配两块布料。

2-3. 剪裁布料，把两边的缝份向内折。

4-5. 把胸针的金属配件用胶粘贴在领结的背面。

6. 把布料从胸针金属配件的中间穿过，缠绕在木领结中间，把尾部的缝份向内折，用平针固定缝合。

2. 在粘贴胸针的金属配件时，可以先用砂纸把料上的粘贴部位稍微打磨粗糙一点，这样会粘得更牢固。

打磨的面积刚刚好是最好。太大了会露出来，太小了会起不到作用。

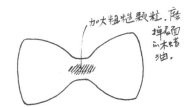

加大粗糙颗粒，磨掉表面的木蜡油。

举一反三：

蝙蝠侠领结！

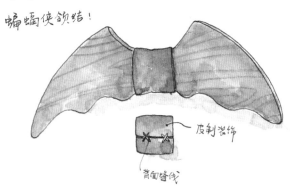

皮制装饰

背面缝线

云朵笔搁

◇◇◇◇◇◇◇◇◇◇◇◇◇◇◇◇◇◇◇◇◇◇◇◇◇◇

有感于"云中谁寄锦书来"的诗意，我们用云朵
做图案，制作了这款适合放在写字桌上的笔搁。
其造型圆润流畅，无论是摆在桌面上使用，还是
拿在手上把玩，都恰到好处。

尺寸图

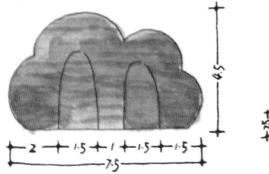
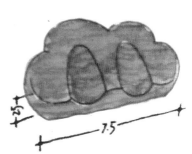

单位：cm

零失败Tips：

① 挖凿木料

1. 按照尺寸，在木料上画出图案形状。

2-3. 把木料用 F 夹固定在工作台上，用弧形凿刀按照图案挖凿出搁笔的凹槽。

1. 尺寸小的木料不容易固定，所以挖凿的步骤在锯切木作而外形之前完成。

如果先切好了外形，就不好再固定

用F夹或G夹固定在操作台面上。

（一个夹不稳，可以夹2个）

2. 挑选木料准备划线的时候，要尽量避免挖凿的凹槽与木纹的纹理同方向。

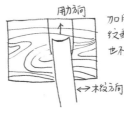

用力方向

加用力的方向与木纹垂直时好施力，也不容易劈裂。

←→木纹方向

顺着木纹方向挖凿很容易随着木纹劈裂。对新手来说有难度。

3. 力量不够的小伙伴，可以使用锤子敲击凿刀的尾端，加强力度。

务必要做到刀前无肉，千万别伤着自己……

也别伤着无辜围观群众

② 锯切木料

1-4. 把木料固定在台钳上，用曲线锯沿着图案边缘锯切出云朵的形状。

零失败Tips：

在进行锯切时，可以根据锯切的部位随时调整台钳的夹持部位，不必一锯到底。

↙切断

零失败Tips：

笔搁要在桌面上放稳，所以修整弧度时只需要处理
正面，背面要保持平整，打磨时不要磨歪了。

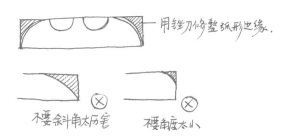

用锉刀修整弧形也缘。

不要余斗角太历笔　　　　婴角度太小

3 修形与打磨

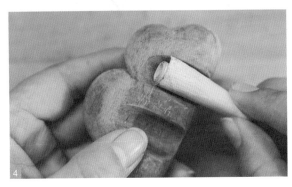

1-3. 用 F 夹将木料固定在工作台上，用锉刀打磨云形木料的边缘。

4-5. 打磨出基本形状后，再用砂纸进行精细打磨然后涂抹木蜡油。

举一反三：

这款笔搁只能放两支笔，如果需要放更多
笔的话，可以加"长"云朵，多做几个搁笔的凹槽。

每个搁笔的凹槽，都像一扇拱门，　觉得形状复杂太难了，也可以变　小房子可以分开，也可以组合在一起，
不像云，倒是像个小城堡。　　　简单一点。　　　　　　　　是不是很有意思？还可以试试不同木料组合。

小茶碟

就算是在日复一日的柴米油盐中也需要仪式感来体现生活的美好。随着时代的变化，食器已不仅仅是具有盛装食物的功能，而且兼具美学设计，这款鱼形小茶碟就既实用又美观。可以用来盛放茶叶、茶点等。

尺寸图

7.5

16

单位：cm

---

1 锯切木料

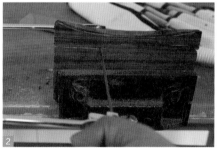

1-2. 把木料固定在台钳上，按照尺寸图用平切锯或曲线锯进行锯切。

3. 用刨子将边缘修平整。

零失败Tips：

　　小茶碟的尺寸可以根据自己的喜好，或者材料

的尺寸随时调整。

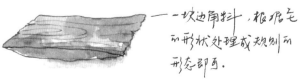

——一块边角料，根据它

的形状处理成规则的

形态即可。

② 挖凿木料

1-3. 把木料固定在台钳上，按照尺寸图用弧形凿刀进行挖凿。

零失败Tips:

用刀挖凿的方向与木纹最好是垂直的，尤其是在最开始挖凿深度的时候。

顺木纹挖凿的时候容易劈裂，要特别注意力度的控制。

微信扫一扫，
获取案例视频讲解。

③ 修形、打磨并上油

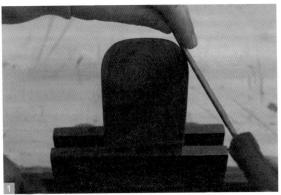

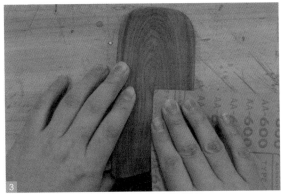

1-2. 用锉刀或者低目数的砂纸，将木料背面转角的位置打磨圆滑，按照尺寸图将木料的一端打磨成圆弧，另一端打磨成鱼尾的形状。

3. 依次用从低到高数目的砂纸对木料整体表面进行精细打磨。

4. 用棉布蘸取食器专用木蜡油，反复均匀地涂抹在木料表面。

零失败 Tips：

1. 越是简单的造型对木纹的要求就越高，要尽量挑选木纹肌理漂亮的。如果边角料本身比较粗糙，看不出木纹，可以把它在粗砂纸上打磨平整再看。

2. 可以随着木料的形状在修形时调整茶碟的造型。如果是对称形就一定要先画出中轴线。

中轴线

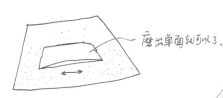

磨出单面弧就可以了。

像不像鱼尾巴？

根据前面讲解的案例，参考所给的尺寸图来制作小汽车餐盘吧！

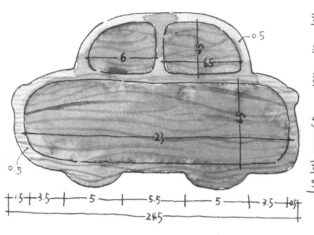

·小汽车餐盘·

零失效Tips：

1. 挖凿盘子的时候，不要一直用力挖凿同一个部位，要一层层均匀地逐层铲除，时常检查木料底部的厚度，千万别挖穿了。

可以利用小木条的高度来检查底部厚度。

2. 针对餐具，需要选择专业食器用的木蜡油涂抹保养。每次清洗之后都要用布擦干，隔一段时间用木蜡油涂抹一次。

1-3.首先按照尺寸图在木料上画出图案，然后用弧形凿刀挖凿出汽车餐盘上"车窗""车门"的位置，接下来用不同目数的砂纸把餐盘的里外都打磨得平整圆滑，最后用木蜡油涂抹、保养木料的表面。

小房子相框

小房子相框兼具实用性、趣味性与美观性。
一张情侣照或是全家福，刚刚好能"住"
进这间小房子，无论是放在家里，还是放
在办公桌前，都是可爱又温暖的存在。

尺寸图

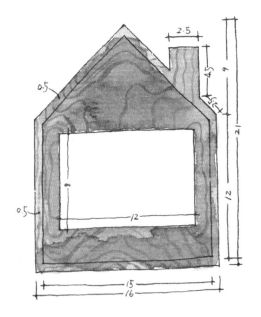

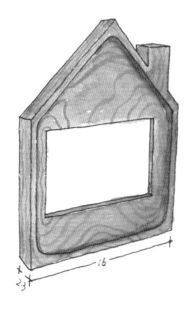

单位：cm

零失败Tips：

1. 可以使用电动工具来锯切大块木料。

电动工具虽然效率高，但速度快、力量大，不容易控制，使用前可以先在废木料上进行练习。

—— 为了保证锯切的线条精准，可以在木料上画出双线，宽度约2mm。

① 锯切木料

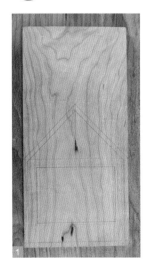

1. 用铅笔在木料上按尺寸图画出图案。

2-4. 用电动曲线锯沿着图形外边缘锯切木料。

曲线锯（电动）的锯条厚度比手动工具的锯条要厚大约1mm左右。

5-6. 用冲击钻在相框内框的三个角钻出圆孔, 让曲线锯穿过圆孔, 沿着内框线锯切木料。

2. 使用冲击钻时很容易移位, 钻孔时可以往内靠一些, 防止失误。

从钻孔的位置先锯第1刀, 再把锯子反过来锯第2刀。每个孔都这样处理。

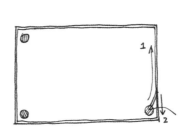

孔径要大于锯条的宽度

② 挖凿和修形

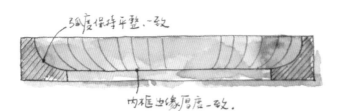

零失败Tips:

在这里使用大一些的凿刀, 以提高效率。

弧度保持平整、一致

内框出缘厚度一致。

1-3. 把木料固定在工作台上, 用弧形凿刀沿着相框的边缘内线铲出向内的弧度。

4. 用手刀处理内框转角处不平整的地方, 同时把转角修成直角。

③ 木料打磨和上油

1-2. 用砂纸对木料表面进行精细打磨。

3-4. 用棉布蘸取木蜡油，反复均匀地涂抹在木料表面。

零失败Tips：

内弧度要利用手指指腹的弧度来打磨。砂纸可以裁小一些，方便手指按住。

压住砂纸，磨出平滑的凹陷弧度。

举一反三：

大的物件没有想象中那么难，大家可以尝试各种不同的形状、功能的木器，托盘、砧板……

云朵盘子

到底要做多少云？

那我问问桌子想要什么……

车！

我是"方"

我是"圆"

完全"方"或者"圆"的对称几何形就复杂很难的……特别容易"走形"……

乌云挂钟

乌云挂钟和前面的小房子相框是一组作品，创意灵感来自于麦子和我的对话。他问我房子里有没有人，我告诉他，有人呢，他们正在做饭，所以烟囱里冒出了"乌云"。简单的造型，就能帮助孩子想象出一个完整的生活画面，可爱的造型也能给家居空间增添乐趣。

尺寸图

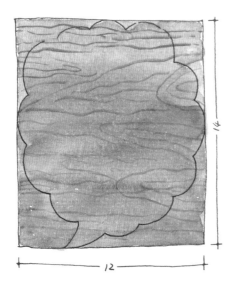

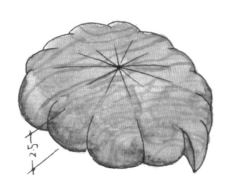

单位: cm

1 锯切木料

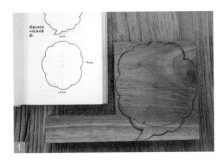

1-2. 按照尺寸图在木料上画出图案。

3. 用曲线锯,沿着图案边缘锯出"乌云"的形状。

零失败Tips:

　　"乌云"的形状有很多转角的位置,挂钟的木料又相对比较厚,所以在使用曲线锯时一定要有耐心。

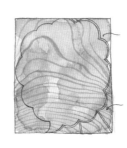

宁可离转角先远一些,也不要切得太过。以后还可以用锉刀处理修形。

遇到曲线锯转不过来的转角可以从旁也先锯一刀,分成多块慢慢切。

每个人心中都住着一个小悟空,会踏着七彩祥云来接我……

单身狗

可这是烟囱里冒出来的一团乌云啊……

恭喜您获得悟空小徽章.

② 修形

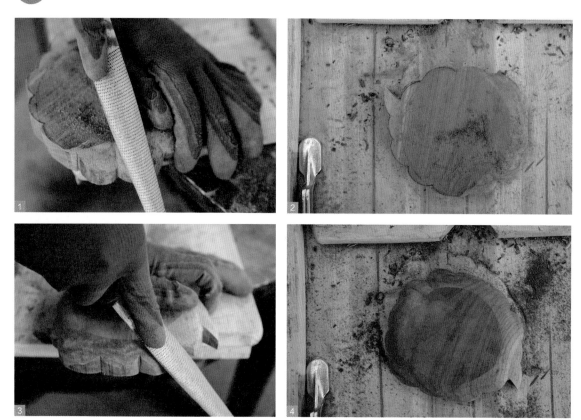

1-4. 把木料固定在操作台上，用锉刀把"乌云"的基础形状打磨出来。

5-6. 用木工铅笔在木料上画出"乌云"的中心点，为打磨"乌云"缝隙的长度做参考。

零失败Tips：

云朵边缘的弧度要修整得光滑自然，需要控制好用锉刀的力度。

弧度太过了，变成斜面就不好看了。

弧度太浅，会没有圆润的效果。

③ 挖凿木料并安装机芯

1. 把木料固定在操作台上，用电钻在中心点钻孔。

2-3. 在木料背面以圆孔为中心点，用木工铅笔画出时钟机芯的尺寸。

4-8. 用 F 夹固定木料两边，用凿刀沿着画线区域凿出大小刚好能嵌合时钟机芯的凹槽。

零失败Tips：

　　在缺少机械工具时，用凿刀挖槽是个缓慢、细致的活，会同时用到平口凿刀、弧形凿刀。

深度由机芯的尺寸决定，购买时要注意尺寸。

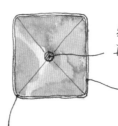

先在正面找准中心位置，钻孔，再在背面画出机芯的外框。

用平口凿刀在四周先浅浅凿一层，再往中间挖，防止边缘劈裂。

转角用"⌣"加凿

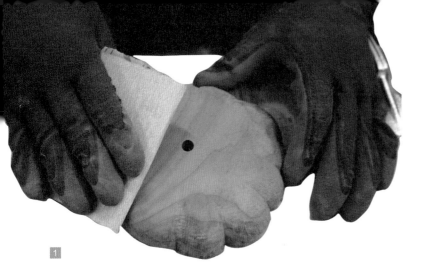

④ 打磨并上油

⑤ 安装时钟指针并增加装饰

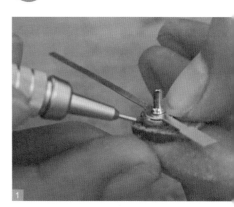

1. 用砂纸把木料表面、"乌云"的转角
位置都打磨圆滑。

2. 用棉布蘸取木蜡油反复均匀地涂抹到
时钟的表面。

3-4. 把机芯安装到时钟背面的凹槽中。

防失败Tips：

网购的指针一般都是金属装饰，为了使挂钟最终效果更搭配，可以加上薄木片做装饰。

 先切一个小方块，再用粗砂纸磨出圆形。

 担心磨不好圆形，可以把方形稍微倒一点角，用方形做装饰。

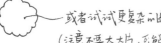 或者试试更复杂的图形。
（注意不要太大片，可能会影响秒针的走动）

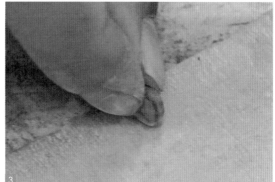

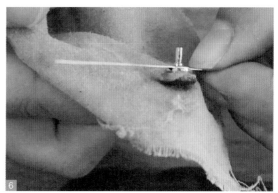

1-2. 为了使时钟更加完美，锯切一小块圆片。

3. 用砂纸打磨圆滑。

4. 用模型胶水粘贴到秒针中间轴的圆点上。

5-6. 把时钟的时针、分针、秒针按顺序安装在"乌云"上。涂抹木蜡油。

"鱼鳞纹"名片盒

◇◇◇◇◇◇◇◇◇◇◇◇◇◇◇◇◇◇◇◇◇◇◇◇◇◇◇◇

我选用硬度高、花纹密的非洲花梨木料，有点儿刻意地雕凿出这件"鱼鳞纹"名片盒。

它不规则的纹路突出了"拙朴"的感觉，放在办公室的桌面上存放名片，厚重有质感。

尺寸图

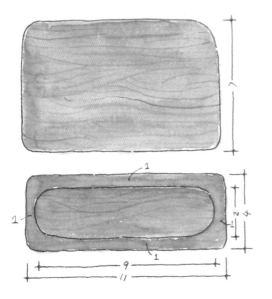

单位：cm

1　准备木料

1. 选择一块尺寸合适的木料，按照尺寸图在木料上画出尺寸线。

2. 也可以选择使用划线器来画出尺寸。

零失败Tips：

　　制作各饰盒的木料相对较厚，
要仔细检查木料是否有开裂的痕迹。

一木料的端面（横截面）
在端面更容易看出裂纹

千万不要忽略细小的裂纹，在之后的
加工过程中很可能因为它前功尽弃。

❷ 挖凿木料

1-2. 用平口凿刀配合木槌按照尺寸线挖凿名片盒的凹槽。

3. 铲完深度后再用平口凿刀处理不光滑的内壁。

零失败Tips：

1. 如果手边有电钻，可以先用电钻先钻出一些孔，这样在用凿刀时可以省许多力。

☆手持电钻要保持垂直很困难，所以钻孔的位置不要太靠近划线的边缘。

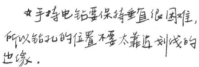

2. 先挖凿出名片盒的深度，再把它倒下来处理侧面的边缘，这个过程一定要耐心、来回，不要用力过猛，以防损伤木料。

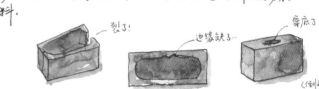

裂了！

边缘缺了…

穿底了

（倒过）

无论发生什么做一个不悲不喜不怒不哀的佛系美少女……

一切皆有可能…施主请看开点。

❸ 修形与打磨

1. 把木料固定在台钳上，用锉刀把名片盒外面的棱角打磨成圆滑的弧形。

2-3. 用砂板固定砂纸对木料进行打磨，再把砂纸固定在长方形的木块上来打磨名片盒的内壁。

零失败Tips：

1. 已经挖凿好的木料在台钳上固定时，要尽量夹在能受力的下方。

2. 注意修形时的四角是否对称，先画线，修形。

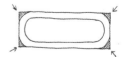

→经过修形，再成一个上口小，下口大的弧度。

④ 挖凿鱼鳞纹并上油

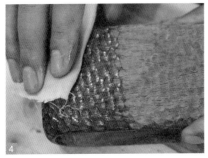

1-3. 把打磨好的名片盒固定在工作台上，用弧形凿刀在表面紧凑地挖凿出浅浅的凹槽。

4. 用棉布蘸取木蜡油，反复均匀地涂抹在名片盒的表面和里面。

零失败Tips：

1. 这里使用的凿刀是 "◡" 9/15，是一把偏大号的凿刀，也可以用类似弧度的小刀替代。

数字9代表的是刀口的高度，
数字15代表的是刀口的宽度。

浅口的凿刀留下的凿痕就浅，深口的刀留下的凿痕也会略深。

2. 凿出刀纹的时候尽量做到一刀成形，每行之间错开一点位置，形成"乱纹"。

有点像乱掉的蜂窝纹
也像"泰森多边形"

要解释一下
知识点吗？

不要！

不想再上课了……

所以你们只能自己去百度了……

汝窑瓷杯
也是不规则的美

"蝉翼纹"
"醍瓜纹"

艺术总是相通的……

→蝉翼

我们不是在
做木工活吗？

↑醍瓜

随身名片盒

使用天然原木精心打磨出来的名片盒，吸引着现在越来越重视个人品味和风格的人们。这款随身名片盒在满足设计感的同时考虑到了实用性，在开口做了弧形处理，正面的拇指凹槽和内部防止名片掉落的弹片都体现出对细节的追求。

尺寸图

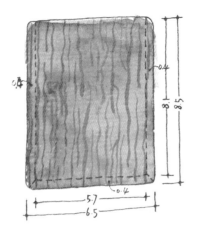
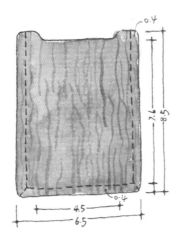
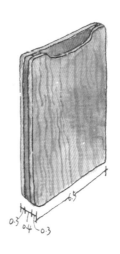

单位: cm

① 锯切木料

1-2. 选一块合适的木料, 用平切锯按照尺寸图锯切出两块木片。

3-4. 按照尺寸图, 用曲线锯把片状的木料四周锯切整齐, 同时锯切出前面木料开口的弧形缺口。

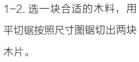

尽量在同一厚度的木料上取材。

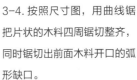

打磨时要用力均匀。

零失败Tips:

这个环节的难点就是三根小细条。

宽度有一点误差可以, 但厚度一定要统一。

② 粘贴、固定木料

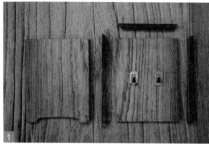

1. 在背面的木料内侧粘贴两个金属弹片，可以防止名片掉落。

2-3. 先把侧面的三块细条木料均匀地涂抹上木工胶，粘贴在背面木料的内侧，用力让两块木料贴合紧密。用手指将侧面挤压出多余的木工胶涂抹平整。

4. 用木工胶把正面的木料粘上。

零失败Tips：

1. 木料很薄，使用G夹固定时可以用泡沫棉垫在夹持的部位，以免夹子损伤木料留下痕迹。

←重点夹持部位

避开中心部位，防止用力过猛夹裂了木料。

用4个G夹固定在四个角。（如果家里只有2个夹子，就夹在左右两侧4个部位）

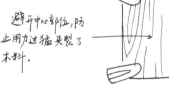

2. 木工胶的固化时间标准

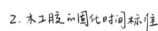

□开放时间：5-10分钟
在这个时间内要完成抹胶、粘贴的过程。

□夹持时间：1-2小时
如果着急用夹子夹其他东西，2小时左右就可以拆下来了。

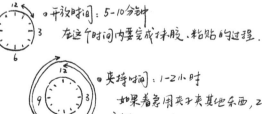

□完全固化：24-48小时
开始下一步处理的时候，要在24小时之后，温度高会相对快些，冬天会等久一些。

5. 用快速夹固定。

6. 用G形夹夹紧名片盒的四个角，同时取下快速夹，静置。

③ 修形、打磨并上油

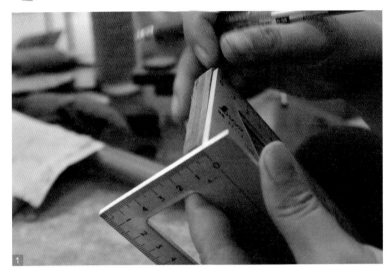

1、每个转角的弧度要保持一致，事先画好转角的弧度，每个弧度半径相同。

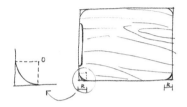

1. 用铅笔和直角尺划出垂直参考线，确保相邻的两个边都保持垂直状态。

2. 用砂纸沿着参考线修整打磨形状。

3. 把转角位置的棱角打磨成圆弧形。

4. 把砂纸固定在砂板上，对名片盒的表面和开口的弧形缺口位置进行打磨。

5-6. 用棉布蘸取木蜡油，反复均匀地涂抹在名片盒的表面和开口的内壁上。

2、把持的部位可以用力打磨让它凹陷下去一些，这样拿起来的手感会更好一些。

老羊你比较胖，凹下去的面积给你磨大点

谢谢哦

手刻木 LOGO

这件作品的图案是我们工作室品牌的 LOGO，由我的好
朋友绘制出图形，我雕刻拓印完成。这样的做法恰到好
处地展现了我们这个以手作为核心的团队的意义。

尺寸图

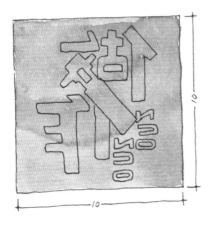

单位：cm

① 拷贝出图案轮廓

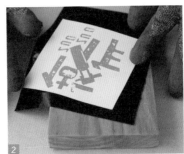

1. 用砂板把木料表面打磨平整。

2. 把图案进行镜像处理，打印在纸上。把复写纸放置在木料和纸张的中间。

3-4. 确定好位置后，用笔沿着图案的轮廓画一圈，确保图案完整地拷贝到木料上。

零失败Tips：

　　1. 先处理好木料表面，打磨至400目即可。如果希望最终拓印的效果有更多肌理感，可以只用80/120目的砂纸打磨。

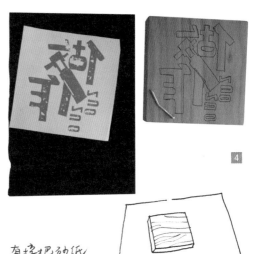

直接把砂纸平铺在表面平整的桌面上。

顺着木纹的方向来回磨擦。

2. 和刻章的原理一样，拷贝刻木头上的图案是反向的。

是"OƆO⅃"而不是"LOGO"哦！

打印好的反向LOGO
复写纸
木料

如果只是需要雕刻一个LOGO的摆件，就不需要反向了

3. 拷贝LOGO图案的时候，注意不要挪动纸张，以防图案错位。

② 凿刻图案

①

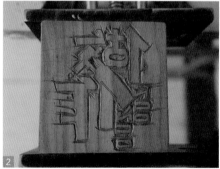

②

③

零失败Tips：

1. 使用凿刀时，要防止用力过度，损伤图形的整度。力度要根据所用木料的硬度进行调整。

先用废木料试刀。

可以先用凿刀把图形的边缘凿出来，再来凿刻其它部位。

2. 凿刻的深度大约在3mm左右，太深没有必要，太浅拓印的时候会有干扰。

上2-3mm

刻下的刀痕可以保留，如果能尽量美观一些会更好。

1-2. 用角刻刀沿着图案画线的边缘凿刻，转角的位置向外刻，刻出图案的基础形状。

3. 用弧形刻刀沿着角刻刀的凿刻痕迹，向图案外缘把多余的木料铲除。将图案进行凿刻。

③ 油墨拓印

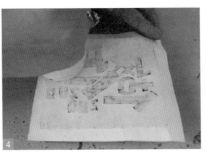

1. 把油墨铲到光滑的玻璃板上，用油滚把油墨滚平，直到没有颗粒为止，使油墨均匀地附着于油滚。

2. 在 LOGO 上均匀地滚上油墨。

3. 将准备好的宣纸对准 LOGO 表面，用"木蘑菇"摩压拓印。

4. 拓印完成后，掀开局部看看，如果没有印实，可以局部补上油墨继续磨压。

窍诀Tips：

1. 使用"木蘑菇"的时候要稍微用些力，而且要用力均匀，避免油墨不均匀。

版画专用工具
↓"木蘑菇"

哦！

老羊，和你的发型一样哦！

2. "木蘑菇"压到图形边缘的时候，硬侧压"木蘑菇"，以免把纸张的边缘压破了

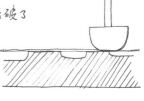

房子搁物架

宜家里面有一款房子形状的 MIN??玩具柜，很受小朋友的欢迎，遗憾的是它尺寸较小，只能??小朋友做游戏。我们根据这个原型，做了一个放大版的小??可以用来放书、小杂货、植物等等，也可以摆放小朋友的各种玩具。

尺寸图

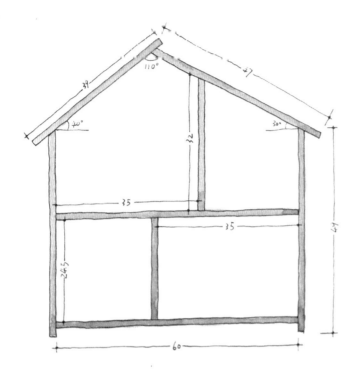

单位：cm

---

1 锯切、修形并打磨木料

1. 按照尺寸图依次锯切相对应的木料。

2. 把需要锯切斜面的角度，在木料两边的侧面标记出来，并在木料的正面连接两边的点，划出锯切线。用曲线锯，沿着锯切线锯切木料的斜面。

3-4. 用锉刀和砂纸对斜面进行修整并打磨。

零失败Tips：

1. 斜面的角度一定要精确计算，在板材上划线的时候要用到量角器。（最好是木工专用的）

如果没有量角器，你还可以……

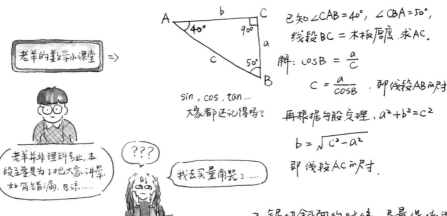

老羊的数学小课堂 =>

已知 $\angle CAB = 40°$, $\angle CBA = 50°$,
线段BC = 木板厚度. 求AC.

解: $\cos B = \dfrac{a}{c}$

$C = \dfrac{a}{\cos B}$, 即线段AB的尺寸

再根据勾股定理, $a^2 + b^2 = c^2$

$b = \sqrt{c^2 - a^2}$

即线段AC的尺寸.

sin, cos, tan...
大家都还记得吗?

老羊并非理科专业,本段主要是为了把大家讲晕,如有错漏,见谅……

??? 我去实量角器了……

2. 锯切斜面的时候,尽量保持角度一致. 线锯·平锯都可以完成这个步骤.

记得画出锯缝的双线.
把线留在完成的木板上.

留线具料后面锉刀修形, 打磨有参考.

② 拼接固定

1-3. 把木料按照尺寸图上的位置用木工钉子固定。

4. 钉钉子时要确保钉在侧边木料的中间位置,同时要确保钉子与木料垂直,避免钉子斜着从木板表面穿出。

零失败Tips: 1. 钉钉子前,在每块木料的表面画出钉钉子的位置.

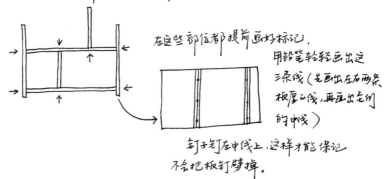

在这些部位都提前画好标记.

用铅笔轻轻画出这三条线(先画出左右两条板厚的线,再画出它们的中线)

钉子钉在中线上,这样才能保证
不会把板钉劈掉.

2. 斜面钉钉子的时候要保持钉子与下方板间方向.

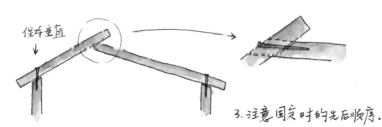

保持垂直

3. 注意固定时的先后顺序.

先组合上下两半.
中间那块木板最后再钉,
如果有高度和角度的误差
可以左.右移动一下.

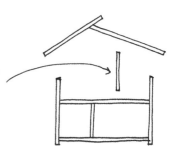

❸ 打磨并上油

1. 用砂板固定砂纸打磨木料的表面，打磨掉铅笔的划线，对转角的棱角和斜面进行打磨处理。

2-3. 用棉布蘸取木器油，反复均匀地涂抹在木料的表面（此处用的是宜家的木器油）。

如果觉得它需要经常用湿布擦,可以用封闭性更强的水性漆.

零失败Tips：

固态的木蜡油大面积涂抹在木板上会比较难涂均匀.要耐心、仔细. 或者可以尝试用IKEA的液态矿物油.(完全透明)

可以与食物接触的哦!

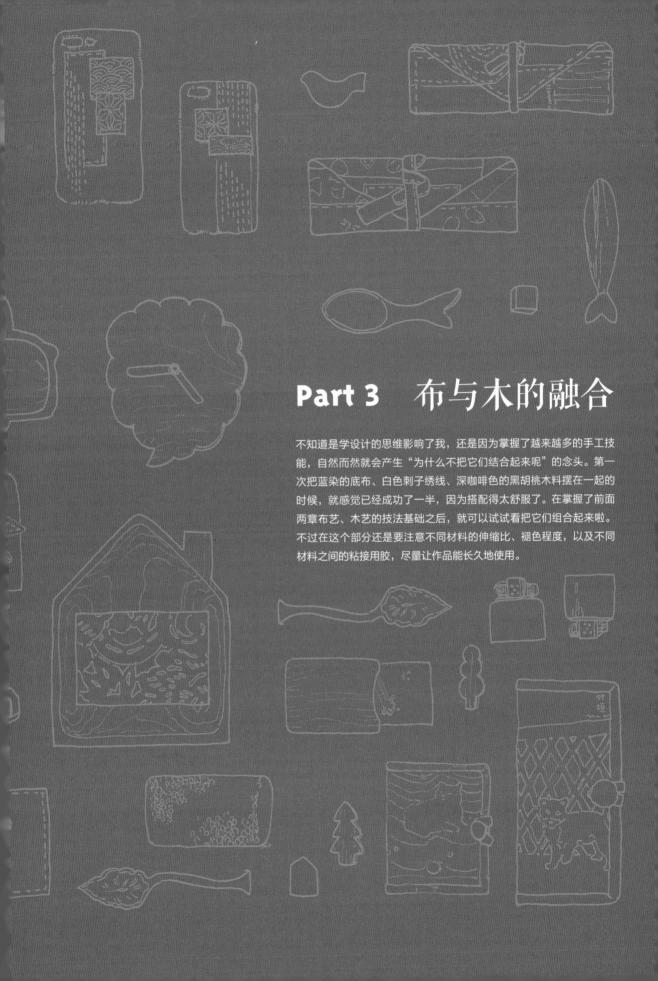

Part 3　布与木的融合

不知道是学设计的思维影响了我，还是因为掌握了越来越多的手工技能，自然而然就会产生"为什么不把它们结合起来呢"的念头。第一次把蓝染的底布、白色刺子绣线、深咖啡色的黑胡桃木料摆在一起的时候，就感觉已经成功了一半，因为搭配得太舒服了。在掌握了前面两章布艺、木艺的技法基础之后，就可以试试看把它们组合起来啦。不过在这个部分还是要注意不同材料的伸缩比、褪色程度，以及不同材料之间的粘接用胶，尽量让作品能长久地使用。

刺绣项链

◇◇◇◇◇◇◇◇◇◇◇◇◇◇◇◇◇◇◇◇◇◇◇◇◇◇◇◇◇◇◇◇◇◇◇◇◇◇

这是我们的第一件尝试将布与木头相结合的作品，温暖的
木头和带着刺绣的布片组合在一起，感觉会幸福感翻倍。
木头的重量解决了布制首饰的垂坠感不够理想的问题，布
料的刺绣图案又能让项链呈现出各种不同主题。适合搭配
棉麻质感的衣服或是毛衣。

尺寸图

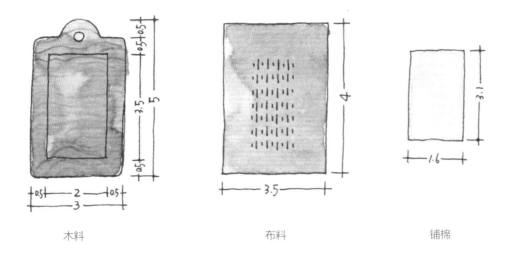

木料　　　　　　　　布料　　　　　　　　铺棉

单位：cm

① 锯切并挖凿木料

1-2. 按照尺寸图，用曲线锯锯切出项链木托的基础形状。用凿刀挖凿出木料的凹槽，用平口凿刀配合木槌沿着图案的内边缘垂直向下挖凿，再用弧形凿刀挖凿出凹槽。

3. 用平口凿刀把内部的转角修整成直角。

零失败Tips：

　　1. 在挖凿贴布区域时，可以先用平口凿刀或美工刀划出边缘轮廓，切断浅层木纤维，防止边缘劈裂。

2 修形、打磨并上油

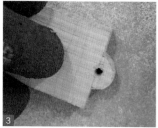
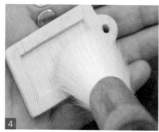

1. 用木块把项链木托固定在工作台上，再用电钻，钻出圆孔。

2. 用小型的锉刀来修整木料的转角及边缘的位置。

3. 用砂板固定砂纸，进行精细打磨。

4. 用刷子刷去木料表面的木削。

5. 用棉布蘸取木蜡油，反复均匀地涂抹在木料的表面。

零失败Tips：

挖凿区域不要打磨，保留粗糙面，反而能增加粘胶时候的接触面，不容易脱胶。

3 剪裁布料并完成刺绣

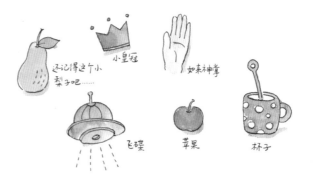

还记得这个小梨子吧……　小皇冠　如来神掌

飞碟　苹果　杯子

可以根据自己的喜好绣出图案。

1. 按照尺寸图在布料的刺绣区域绣出喜欢的图案，接着裁剪铺棉。

④ 粘贴布料与铺棉并固定在木料上

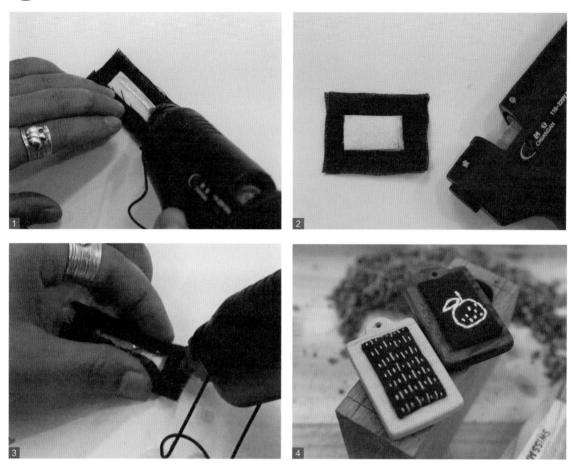

1-4. 把铺棉对准布料刺绣部分的背面放置。用胶把布料四周边缘多余的布料翻折之后粘贴在铺棉上。把粘贴好的布料用胶粘在木托的凹槽里面。

零失败Tips：

　在粘贴布料与铺棉的时候要尽量把转角折平整，避免堆叠的布料太厚，影响美观。

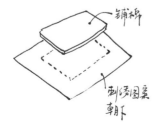

杯垫

用布加木的材质制作杯垫，对于茶具来说能起到保护作用，也是茶具的衬托。底部使用木料增加了杯垫的稳定性，表面使用带有刺绣图案的柔软布料，既美观，又能避免杯子与木料之间的磨损，也防止木料与茶水直接接触使木料变形。

尺寸图

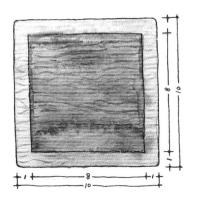  

单位：cm

① 锯切木料

1. 按照尺寸，用电动曲线锯或平切锯锯切木料。

2. 用划线器画出木料厚度的锯切中线。

3. 把木料固定在台钳上，用平切锯沿着中线锯切木料。

零玖Tips：

1. 方形3是最简单和基础的形态，在此基础上，可以做许多的变化。笔者的这款是用来搭配茶具，所以用3简洁的样式。可以根据使用环境和搭配的杯子做变化。

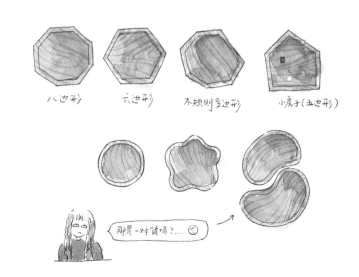

八边形　　六边形　　不规则多边形　　小房子（五边形）

那是一对肾吗？……😳

2. 形态越复杂，布料的处理难度就会越大，要提前考虑好。

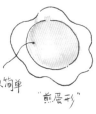

外形复杂，但中心区域可以简单

"煎蛋形"

② 挖凿木料

1. 按照尺寸图在木料上画出挖凿的区域。

2. 用弧形凿刀沿着画好的线进行挖凿，用平口凿刀将凹槽内部转角位置修整为直角。

零失败Tips:

挖凿的区域面积越大，就越难保持平整。

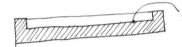

要用力均匀，始终保持同样高度。

③ 剪裁布料并完成刺绣

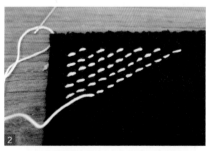

零失败Tips:

做这件作品的时候，考虑它与老岩泥茶壶的搭配，也选择了略有一些粗糙感的平针绣针法。

一对杯型的图案有对应关系。

给出一些刺绣的图案做参考。

屋…

1. 按照尺寸图裁剪出相对应的布料。

2-3. 在布料上用刺子绣针法绣出简单的几何形状。

④ 粘贴布料与铺棉

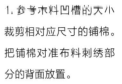
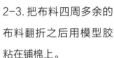
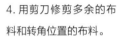

1. 参考木料凹槽的大小裁剪相对应尺寸的铺棉。把铺棉对准布料刺绣部分的背面放置。

2-3. 把布料四周多余的布料翻折之后用模型胶粘在铺棉上。

4. 用剪刀修剪多余的布料和转角位置的布料。

⑤ 木料上油并固定布料

1. 用棉布蘸取木蜡油，反复均匀地涂抹在木料的表面以及凹槽的内壁上。

2. 把模型胶挤在木料凹槽底部并涂抹均匀。

3. 转角位置挤出少量模型胶加固。

零失败Tips：
挖凿的区域不要打磨得太光滑和上油，保持它的粗糙面方便粘接。

横竖交错网格状上胶。

最后在四角都加固一点。

饭团手机座

随着大家使用手机的频率越来越高，市面上各式各样的手机座层出不穷。出于为自己
制作一个有趣又实用的手机座的目的，我们做了这件产品。加了铺棉的布块用来放置
一边看视频一边摘取下来的耳环、戒指，正好和三角形的手机座一起形成一个紫菜饭
团的样子，生动有趣。

尺寸图

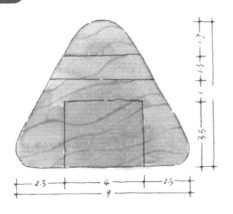

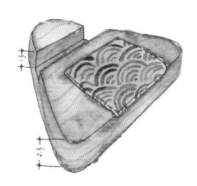

单位：cm

零失败 Tips：1.画三角形轮廓时一定要先画出中轴线！(对称)
(接下来大家会看到一系列教学推演！)

◢ 如何画出一个等边三角形？

OA = OB

以A.B为圆心的两个角都等于60°。

① 对木料进行切割和修形

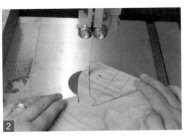

1. 在木料上按照尺寸画出饭团手机座的外形。

2-3. 用带锯机或者手锯切出外轮廓，再利用砂带机修整边缘。

◢ 如何画出一样大小的三个圆角？

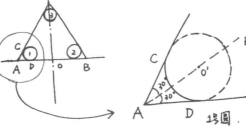

首先，找到切点C.D，使AC＝AD，圆心O'位于∠CAD的中分射线AE上，半径为O'C。

然后，用同样的方法和尺寸画出2.3号圆。

❷ 对木料进行挖凿

1-3. 放置手机的深槽可利用平切锯先锯出两条直线，然后再用凿刀凿出深度。

4-6. 贴布的部分用凿刀慢慢地凿出约 2~3mm 的浅槽。

零失败Tips：1.这个过程一定要慢慢进行，浅浅地一层一层凿，不要心急。

 → 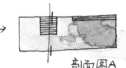 →

剖面图A　　　剖面图B

千万不要期待"一刀见效"，用力过猛的急脾气很可能导致"一刀就废"。

 →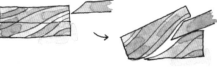

2.在凿贴布"紫菜"的浅层部分时，可以先用"平凿刀"或美工刀沿边缘轮廓，切断浅层的木纤维，防止第一刀下去就把边缘凿劈了。

先凿出一条缝隙

3.先去掉容易劈裂的边缘处，再凿掉中间。

❸ 对木料进行打磨和上油

 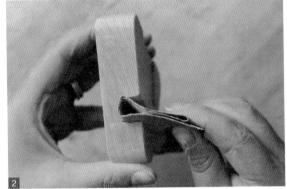
 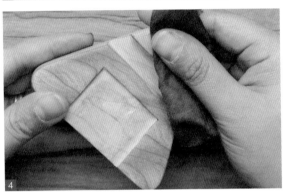

1-4.利用小砂板将木料的正反两面和侧面打磨平整，再将小块一些的砂纸折叠成合适凹槽部分的尺寸，细细打磨凹槽。从120目磨到600目，然后用棉布抹上木蜡油。

零失败Tips：

1.打磨凹槽边缘的时候务必保持轻重一致，否则直线边缘就歪了。

→ 两端被磨损
← 中间被磨损

2.不要过度打磨，使边缘磨损导致误差太大。

和太大，手把会倒下来……

微信扫一扫，
获取案例视频讲解。

④ 裁剪布料与铺棉

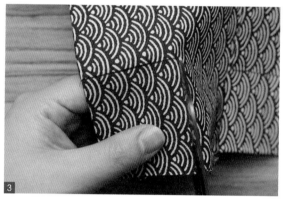

1–3. 根据尺寸图所示，贴布区域的尺寸为 4cm×3.5cm，布料尺寸在贴布区域尺寸的基础上四边各增加 1cm 的折边，所以剪裁尺寸为 6cm×5.5cm。

4. 铺棉尺寸在贴布区域尺寸的基础上四边各减少 1mm，所以裁剪出尺寸为 3.8cm×3.3cm。

⚠️ 对于新手来说，切割打磨的时候很难保证和原计划的尺寸完全一致，相差1~2mm已经很好了。

复核尺寸的时候，一定要测量4个边缘，注意4边的误差。

如果误差太大了，就还是得重新修整。

 梯形. ✕

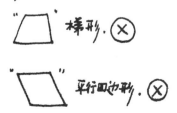 平行四边形. ✕

⑤ 将布料粘贴在木料上

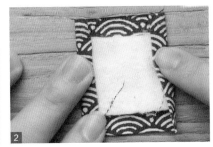

1-2.首先将布料和铺棉用模型胶粘在一起。

3-4.等胶水干了之后,再将其固定在木料上。

零失败Tips:1.胶水挤出的时候注意控制胶水量,切忌将胶水溢出到木器表面.

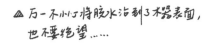

⚠ 万一不小心将胶水沾到了木器表面,也不要绝望……

2.可以擦掉胶水之后,把这个区域重新打磨一遍,直到完全看不到胶水的痕迹.

再次拿出小砂板……

磨擦~磨擦~磨擦……

除了U胶,其实万能胶、502、热熔胶都可以试这个步骤,但是U胶的好处是透明、容易清理,干的时间较慢好调整.

书衣

书衣是为保护、美化书本而用。本款书衣使用蜡染布料为基础图案，在侧边加用木料，切割出前后上相互契合的形状，完美地保护开口处的纸张。

尺寸图

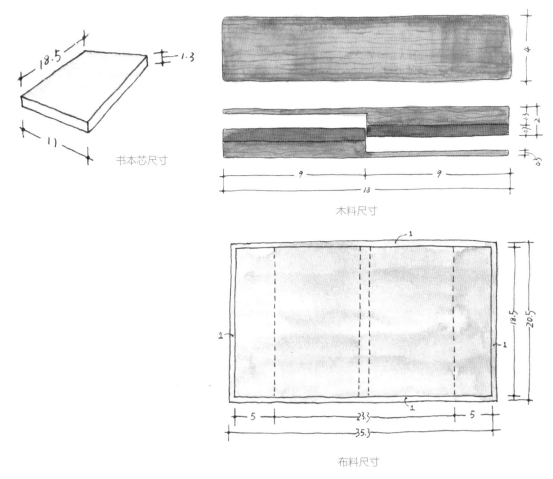

书本芯尺寸

木料尺寸

布料尺寸

单位：cm

1 蜡染布料

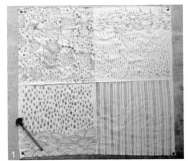  

1. 用蜡将图案画在素色的棉麻布料上。

2. 将布料在染料里反复地浸泡、氧化上色后晒干。

3. 晒干后反复冲洗，将布料用水煮沸，煮去画布上的蜡质，再经过漂洗晾晒，画布上就会出现蓝白分明的花纹。

零失败Tips：

1. 没有绘画基础的朋友，可以先尝试用蜡刀画出一些简单的几何形，熟练了之后再画复杂的图案。

2. 脱蜡的时候，盆不要用得太小，蜡脱离之后会漂浮在水面，可以把它重新收集起来，反复利用。

线条
圆点
曲线组合

来一个大锅嘛！

②　剪裁并缝制布料

  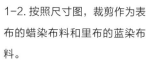

1-2. 按照尺寸图，裁剪作为表布的蜡染布料和里布的蓝染布料。

3-4. 表布宽度不足的情况下，可以用另外一块布料来增加宽度（两块布料正面朝里、背面朝外用平针缝合缝份，再用熨斗熨烫平整）。

5. 把表布和里布的两块布料正面朝里、背面朝外，用平针沿缝份缝合，留出翻转口。

6. 按照尺寸图把布料两边向内翻折，用藏针缝缝合上下两端。

 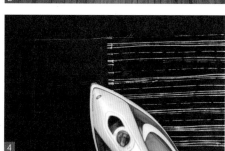 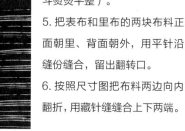 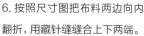

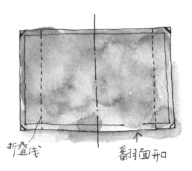
折叠线　　　　翻身面开口

零失败Tips：1. 翻身面开口留在布料下为中轴线侧面的位置，后期裁剪缝制好处理。

2. 四角要剪出牙口，方法参考前面的案例。

③ 锯切木料

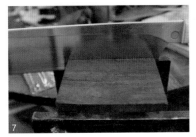

1.将木料固定在台钳上，按照尺寸图，用平切锯锯切木料宽度。

2.按照尺寸图，用平切锯分别锯切木料上下两边的厚度。

3-4.按照尺寸图，用曲线锯锯切中线，分割上下木料。

5-6.按照尺寸图，用平切锯，分别锯切出木料的厚度。

7-8.选一块深色的木料，按照尺寸图，用平切锯锯切出两块木条，来增加木料的厚度。

零失败Tips

1. 这里的设计相对复杂，所以锯切的时候要特别注意先后顺序。

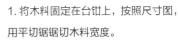

虚线为锯切线。

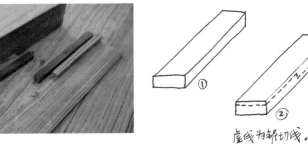

干万别切错咯我！

2. 双色木料的设计，也是为了方便根据书本的厚度卡扣一致。所以计算的要把布料的厚度也算进去。

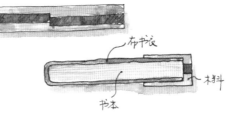

布书衣

木料

书本

④ 粘贴、固定木料

1-2.用木工胶，分别将两块小木条与大块木料粘贴起来，用 G 形夹和快速夹进行固定。

⑤ 修整木料

1-3. 根据本子的厚度，锯切、修整木料并打磨上油。

6 粘贴、固定木料与布料

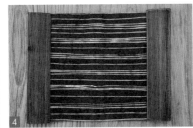

零失败Tips：

扫胶的方式

如果用热熔胶棒粘贴木料与布料，它凝固的时间较短，如果胶干了没能粘好，可以用电熨斗融化热熔胶，使它们的粘合更牢固。

1-6.把胶均匀地涂抹在木料内部，将布料与木料粘贴、固定在一起。

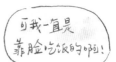

完成了这最后一件作品，大家应该就可以靠手艺吃饭啦！

可我一直是靠脸吃饭的呀！

后记　假如没有麦子

麦子是我的儿子，3 岁半了。

完成这本书的期间，我做了两次公开分享，标题分别是《假如没有麦子》和《假如没有麦子2》。对于这本书而言，假如没有麦子，可能两年前它就已经完成了；假如没有麦子，它应该是一本"旅行手工书"……当然，假如没有麦子，我在书中呈现的一切平和美好，也不是此时这番样子了。

在生活中，我一直是个很热爱动手做点儿什么的人，喜欢体验每一种工具的使用，感受针尖穿过布料，感受每一下用力在木头上留下的痕迹，在我与作品之间寻求一种平衡。慢慢地，这个身体力行的过程的乐趣，远远超越它所产生的结果。作为一个教设计的老师，我把这种态度也引入我的专业课堂。我在课堂上遇到了我现在的搭档陈玲。我们的作品都和自己的生活有关，所以这个"做手工"的过程就是一种与日常生活的特别连结。从这个角度说，它不需要什么高深的技艺，而是一件非常个人的事情。

网络上曾经流传过我的"挖勺笔记"。我平时分享的这些笔记，其实就是我的生活手账本，因为那段时间对勺子研究比较多，所以让大家误以为我画的是一本"挖勺笔记"。从我上大学时用第一个白纸本记课堂笔记、画设计草图开始，就养成了这样的习惯，成为我平时工作、学习的一种常态。平时阅读、思考的过程中，我会随手记下来一些想法，一件家具的结构分析，某个插画的构成元素，一段文字……这就好像把许多的碎布头放进收纳筐里，之后再摆在一起看看如何组成拼接图案。这个收集再创造的过程，极为重要。

我们画了几百幅的草图，目前已经制作完成了一百多件作品，在这中间我们挑选了这24件作品详细地呈现在大家的面前。最初做的时候是很惶恐的，"专家""技术控""美学态度"这些包袱太沉重了。对"匠心技术"的盲目信仰、对大师级的"设计美学"的盲目崇拜，反而让我们胆怯，失去了信心。庆幸的是，我们并没有因此停滞下来，随着我们这个小团队被越来越多的人看到，我们一次次发现"生活态度"这四个字被越来越多人提及，大家不再简单地好奇"女生做木工"，不再盲目地追问"拼布用来干嘛？""缝线走得不整齐怎么办？""这些部位究竟要不要用榫卯连接？"这些功能至上、技术至上的问题。

好奇心每个人都有，但不一定每个人都敢于迈开脚步去发现或寻找。有很多人在我们的日常分享过程中也开始了手作，我们把"高深"的东西简单地呈现出来，让更多的人产生"我也可以试一试"的念头，让越来越多的人开始体会这种"过程的价值"，实在是美好而幸福的一件事情。

我特别喜欢木作大师阎瑞麟先生曾经说过的一段话："静静地欣赏这些如乐音起伏闪烁或细致的流动，感受从木纹表情里传达出来的美好意象以及强大生命力。不光只是日常活动的道具配合，也在心智感觉中获得满足，唤起从远古时期就已开展的文化基因。"只要静下心来，这些东西就会呈现出来。手工的拙朴感是机械化批量加工永远都取代不了的。我做一只鸟，它就是这世上独一无二的鸟；我做一棵树，它就是这世上独一无二的树，即便是同一块材料一分为二，它们还是会因为这过程变得不同。

很多人都问我们为什么这本书花了这么长时间。在简单地呈现一种工艺与不断挖掘和拷问自己内心最想表达的"有趣"这件事之间，我们花了太多的力气。非常感谢熬路编辑在这个过程中对我们的"不离不弃"以及"不断加码"的要求，感谢梁静仪编辑在编排工作中细致地梳理，感谢我的搭档陈玲，以及我们身后日渐强大的工作室团队。感谢创作的这几年里给我带来幸福的李麦子小朋友和我的家人。以上。